"十三五"规划民航特色专业统编教材

U0265483

民航客舱设备常识

MINHANG KECANG SHEBEI CHANGSHI

主编　辜英智　刘存绪　魏春霖

四川大学出版社

责任编辑:高庆梅
责任校对:谢正强
封面设计:墨创文化
责任印制:王 炜

图书在版编目(CIP)数据

民航客舱设备常识 / 辜英智,刘存绪,魏春霖主编.
—成都:四川大学出版社,2017.8(2022.9 重印)
"十三五"规划民航特色专业统编教材
ISBN 978-7-5690-1099-2

Ⅰ.①民… Ⅱ.①辜… ②刘… ③魏… Ⅲ.①民用飞
机-客舱-设备-高等学校-教材 Ⅳ.①V223

中国版本图书馆 CIP 数据核字(2017)第 208117 号

书 名	**民航客舱设备常识**
主 编	辜英智 刘存绪 魏春霖
出 版	四川大学出版社
地 址	成都市一环路南一段 24 号(610065)
发 行	四川大学出版社
书 号	ISBN 978-7-5690-1099-2
印 刷	成都新恒川印务有限公司
成品尺寸	185 mm×260 mm
印 张	13
字 数	196 千字
版 次	2017 年 8 月第 1 版
印 次	2022 年 9 月第 5 次印刷
定 价	32.00 元

◆读者邮购本书,请与本社发行科联系。
 电话:(028)85408408/(028)85401670/
 (028)85408023 邮政编码:610065
◆本社图书如有印装质量问题,请
 寄回出版社调换。
◆网址:http://press.scu.edu.cn

"十三五"规划民航特色专业统编教材
编写指导委员会

前　言

2017 年 2 月，中国民用航空局、国家发展和改革委员会、交通运输部联合发布了《中国民用航空发展第十三个五年规划》，明确了"十三五"时期民航发展的五大任务，包括确保航空持续安全，构建国家综合机场体系，全面提升航空服务能力，努力提升空管保障服务水平，以改革创新推动转型发展等。随着中国民航业的高速发展，民航服务人才需求量增大，民航服务专业就业前景广阔。为培养具有较高专业应用水平，综合素质优秀，熟练掌握民航服务理论和基本技能，符合民航业发展需要的复合型、技能型、应用型的高级航空服务专业人才，在大力发展高等职业教育的同时，各级部门和高等院校重视发挥教师的积极性与创造性，鼓励和支持教师编写具有高职教育特色和民航服务特色的教材。

四川东星航空教育集团从 2007 年创建伊始，就致力于为中国民航培养高素质的航空服务类专门人才。集团旗下的成都东星航空旅游专修学院汇集了一大批热爱民航的专兼职教师，聘请了行业专家指导办学。2011 年，学院组织校内教师及校外专家学者，编写了"十二五"规划航空服务专业共计 14 门课程的统编教材，由四川大学出版社正式出版发行。这套教材在使用过程中，得到了广大师生与同业专家的一致好评。但是，伴随着我国民航业突飞猛进的发展，"十三五"规划对我国民用航空发展提出了新理念、新要求，人民群众对航空安全便捷出行方式有了新期盼，原有教材已不能满足新时代对航空人才培养的需求。

2016 年，四川东星航空教育集团成立了"十三五"规划民航特色专业统编教材编委会，启动了对"十二五"规划航空服务专业统编教材的全面修订工作。按照"理论联系实际，图文并茂，与时俱进，科学发展"的

思路，经过一年多的辛勤工作，这套"十三五"规划民航特色专业统编教材即将付梓，由四川大学出版社正式出版。本系列教材包括《民航服务概论》《民航服务礼仪》《民航实用英语》《民航服务心理学》《民航安全检查基础》《民航物流基础概论》等16种，参与编纂的人员有李筱泖、顾建庄、杨军、刘志惠、罗娅兰、李清霞、冷静、胡启潮、马秀英、黄孟颖、王俊雷、李目、魏薇、王平、吴易、石文娟、魏庆、黄怡川、陈刚、何珊珊、张闪、罗致远、李宛融、王志鸿、李潇潇等。辜英智、刘存绪、魏春霖对全书进行了审读、统稿并定稿。

在本系列教材的编写过程中，四川大学出版社的编辑提出了许多宝贵的意见，航空业界的学者与同行专家提供了有益的思路，相关学者的文章和专著提供了实用的信息，在此一并致以诚挚的谢意。相对于我国高速发展的民航服务业，本书还难以概其全貌，疏漏不妥之处在所难免，恳请读者批评指正。

编写组
2017 年 8 月

目 录

第一章　概　述

第一节　波音飞机的发展

一、波音公司简介

波音公司（BOEING）是全球最大的航空航天业公司，也是世界上主要的民用和军用飞机生产厂家之一，是一家著名的跨国公司。波音公司的主要业务是开发、生产、销售空中运输装备，提供相关的军用和民用支持服务，研究生产各种战略战术导弹和空间开发产品。其客户分布在全球150多个国家和地区，业务部门分布于美国的20多个州和全球60多个国家，共有雇员约20万名。波音公司不仅是全球最大的民用飞机和军用飞机制造商，也是最大的飞机出口商之一。以销售额计算，波音公司是美国最大的出口商。同时，波音公司还是美国航空航天局（NASA）最大的承包商。

波音公司的总部位于芝加哥，其主要业务基地集中在华盛顿州的西雅图、南加州、堪萨斯州的威奇托、密苏里州的圣路易斯等地。波音公司由四个主要业务集团组成：波音民用飞机集团、波音联接公司、波音金融公司和波音综合国防系统集团。

波音公司一直是全球最主要的民用飞机制造商。1997年波音与麦克唐纳·道格拉斯（以下简称"麦道"）合并，波音在民用飞机领域的传统

优势因麦道系列飞机的加入而进一步加强。波音现有的主要民用飞机产品包括波音 737、747、767、777 系列飞机和波音公务机。目前，波音公司新产品研发的重点是波音 787 梦想飞机和波音747-8。全球现役的波音民用飞机接近 13000 架，约占全球机队总量的 75%。

图 1-1   波音公司的标志

二、波音公司发展历史

波音公司的前身是 1916 年 7 月 15 日由威廉·爱德华·波音以 10 万美元注册资金成立的太平洋航空产品公司（它是一个水上飞机工厂，于 1912 年取得美国国防部订单，专门制造军用飞机）。1917 年 5 月 9 日，威廉·爱德华·波音将太平洋航空产品公司更名为波音飞机公司。1919 年 12 月 27 日，波音飞机公司设计的第一款民用飞机 B-1 邮政机首飞。1927 年 6 月 30 日，波音空运公司（BAT）宣告成立。它是美国联合航空公司的前身，经营邮政航线和新的航空公司，由威廉·爱德华·波音任董事长。1929 年 2 月 1 日，波音飞机公司和波音空运公司更名为联合飞机及空运公司。1930 年，波音公司开始了全金属客机的研制，即波音 247 型客机，这是波音系列飞机的开始。1934 年 9 月 28 日，按政府法规要求将联合飞机及空运公司拆分成三个独立的公司：联合飞机公司、波音飞机公司、联合航空公司。1961 年，原波音飞机公司改名为波音公司。1967 年 4 月 9 日，第一架波音 737 首飞。1969 年 2 月 9 日，第一架波音 747-100飞机首飞。1970 年 1 月 21 日，波音 747 飞机首次投入商业飞行。1978 年 7 月 14 日，波音公司开始生产波音 767 飞机。1978 年 8 月 31 日，波音公司开始生产波音 757 飞机。1981 年 9 月 26 日，波音 767-200 飞机首飞。1990 年 10 月 29 日，波音 777 飞机获得正式批准。1993 年 3 月 8 日，波音 747-400 下线。1994 年 4 月 9 日，波音 777 双发客机下线。1995 年 5 月 30 日，波音 777 成为航空史上首款获得美国联邦航空局

（FAA）批准自投入运营起就能进行双发延程飞行（ETOPS）的飞机。1996 年 12 月 6 日，波音与洛克韦尔宇航与防御部门合并，后者更名为"波音北美"，成为波音公司的一个子公司。1997 年，波音公司宣布，原波音公司与麦道公司完成合并，新的波音公司正式营运。2000 年 1 月，波音公司与通用汽车公司达成协议，出资 3775 亿美元收购其下属的休斯电子公司航天和通信业务部，从而使波音成为世界最大的商业卫星制造商。2007 年 7 月 8 日，第一架波音 787 梦想飞机在华盛顿州埃弗雷特的总装工厂下线，波音系列飞机进入一个新的阶段。

图 1-2 威廉·爱德华·波音

三、波音系列飞机的历史

波音公司建立初期以生产军用飞机为主，也涉足民用运输机。其中，P-26 驱逐机以及波音 247 型民用客机比较出名。1930 年，波音公司开始了全金属客机的研制，即波音 247 型客机，这是波音系列飞机的开始。20 世纪 30 年代中期，波音公司开始研制大型轰炸机，包括在第二次世界大战中赫赫有名的 B-17（绰号"空中堡垒"）、B-29 轰炸机以及冷战时期著名的 B-47 和 B-52（绰号"同温层堡垒"）战略轰炸机。B-52 在服役的 30 多年中一直是美国战略轰炸力量的主力。美国空军中比较出名的 KC-135 空中加油机以及 E-3（绰号"望楼"）预警机也均由波音公司生产。1938 年，波音公司研制开发了波音 307，这是一种带增压客舱的民用

飞机。1958 年，波音公司生产了波音 707 飞机，并投入航线飞行。波音 707 采用涡轮喷气发动机，提高了飞机的飞行速度和飞行高度，增大了载客量和航程，是第一代喷气民用运输机。1963 年，波音公司将涡轮风扇发动机用作动力装置，生产了波音 727 飞机。波音 727 属于第二代喷气民用运输机。1967 年，波音公司根据对短程航线需要的估计，生产了波音 737 短程运输机。波音 737 是在全世界被广泛使用的中短程民航客机。1968 年，首架波音 747 出厂，1969 年试飞并获得通航证。波音 747 是一种装四台涡轮风扇发动机的宽机身远程客机。其客舱内座椅安排为双通道，最多可载乘客 550 人。波音 747 是以宽机身为主要特征的第三代喷气民用运输机。波音 747 一经问世就长期占据世界远程民航客机的头把交椅。1978 年，波音公司相继研制波音 757、波音 767 系列的中等运载能力和中等航程的民用运输机，并于 20 世纪 80 年代生产和投入航线飞行。它们装有两台涡轮风扇发动机，可载乘客 200～300 人。1990 年，波音公司研制的波音 777 型飞机是当时民用航空历史上最大的双发喷气飞机。2004 年 4 月，波音公司正式启动波音 787 型飞机项目，它是波音公司自 1990 年启动波音 777 计划后推出的首款全新机型。2007 年 7 月 8 日，波音 787 梦想飞机下线，它于 2009 年 12 月 15 日成功试飞并于 2010 年交付使用。

四、波音系列飞机主要机型

（一）波音 247

波音公司于 1930 年开始全金属客机波音 247 的研制。波音 247 具有流线型外形，起落架可以收放，采用下单翼结构。其巡航速度为 248 公里/小时，航程 776 公里，载客 10 人，并可装载 181 千克的邮件。波音 247 于 1933 年首次试飞成功，在当时深受各航空公司的欢迎，成为美国民航运输史上的功臣。

（二）波音 307

波音 307 客机是世界上第一种投入使用的完全使用加压客舱的客运飞机。当时它的飞行高度可以比普通不使用加压舱的客机（飞行高度为 5000～10000 英尺）（1 英尺等于 0.3048 米）高 20000 英尺。它有 5 名机组人员，并可以搭载 33 名乘客，另外还有一个接近 12 英尺宽的卧铺舱。

目前尚存世的一架波音 307 保存于美国国家航空航天博物馆史密森学会。

（三）波音 377

波音 377 是波音公司在第二次世界大战后设计的一款四引擎远程豪华型客机，也是波音公司最后一款螺旋桨客机。第二次世界大战期间，波音公司尝试开发民用机，利用 B-29 轰炸机的机翼和发动机，配以全新的机身，开发了双层机舱的波音 377 客机，意在进军大型豪华客机市场，但由于其价格昂贵、结构复杂，最终因销路不佳仅生产了 56 架就草草收场。

（四）波音 707

波音 707 是波音公司在 20 世纪 50 年代研制的首款四发远程喷气民航客机，它是第一种在商业上取得成功的喷气民航客机。凭着波音 707 的成功，波音公司稳坐民航机生产头把交椅接近半个世纪，之后发展出了各型号 7×7 喷气式客机。

波音 707 主要型别有 707-120、707-220、707-320 和 707-420 等。波音 707 乘客量约为 219 人（商务舱、经济舱两级客舱布局，以下简称"两级客舱布局"）或 258 人（单级客舱布局，全部为经济客位），主要市场是长途主干线。波音 707 在 1959 年首次投入商业运营，最后一架波音 707 民航客机在 1988 年交付，民用生产量为 1010 架。

（五）波音 717

波音 717 是波音公司的 100 座级中短程单走道双发喷气式客机，前身是麦道公司的 MD-95（麦道公司被波音公司并购前）。1997 年，麦道公司被波音公司并购后，波音公司继续 MD-95 的计划，并且在 1998 年将其改名为波音 717。波音 717 是波音公司最小型的双引擎喷射客机，主要型号是波音 717-200。波音 717 于 1999 年 9 月正式投入使用，于 2006 年 5 月停止生产。

（六）波音 727

波音 727 是美国波音公司继波音 707 后的第二款喷气式客机，是一款 100～200 人座级中程三引擎窄体客机，于 1963 年试飞。波音 727 载客量为 145 人（两级客舱布局）或 189 人（单级客舱布局），由三台涡轮喷气式发动机驱动，部分零件如机身组件与波音 707 相同，主要市场是美国内陆主干线。波音 727 的三台发动机全部装置在飞机尾部。最后一架波音

727 于 1984 年交付使用，总产量为 1832 架。

波音 727 主要型别有 727－100、727－100C、727－100QC、727－200、727－200 先进型（是波音 727 系列中销售最好的机型，共生产 1237 架）、727－200F、727QF。

（七）波音 737

波音 737 系列飞机是美国波音公司生产的一种中短程双发窄体喷气式客机，被称为是民航历史上最成功的窄体民航客机系列，至今已发展出九个型号。波音 737 主要针对中短程航线的需要，具有可靠、简捷且极具运营和维护成本经济性的特点，但是它并不适合进行长途飞行。波音 737 是波音公司目前唯一一款投产中的窄体客机，目前主要竞争对手是空中客车 320。

1. 第一代

（1）波音 737－100。

基本型，仅生产 30 架。目前波音 737－100 已退役。仅存的波音 737－100 原型机被安放在美国西雅图的飞行博物馆展览。

（2）波音 737－200。

波音 737－200 是 737－100 的加长型号，在 737－100 的机身上加长 1.8 米，在空气动力方面加以改进，同时还增加了反推装置，修改了襟翼等。1988 年 8 月已停产，共生产 1114 架。

2. 第二代

（1）波音 737－300。

波音 737－300 为第二代的波音 737，是波音 737－300、737－400、737－500 系列的标准型号。机长 33.4 米，机高 11.1 米，翼展 28.9 米，单级客舱布局载客量为 149 人，最大起飞重量为 61234 千克，最大飞行高度为 11280 米。由于 737 第三代投产，第二代 737 于 2000 年停产。最后一架 737－300 于 2000 年交付。

（2）波音 737－400。

波音 737－400 是波音 737－300 的加长型号。机长 36.4 米，机高 11.1 米，翼展 28.9 米，载客量 144～171 人，最大起飞重量为 68050 千克，最大飞行高度为 11278 米。最后一架波音 737－400 于 1998 年交付。

（3）波音 737—500。

波音 737—500 是波音 737—300 的缩短型号。机长 31.01 米，机高 11.1 米，翼展 28.9 米，最大载客量为 132 人，最大起飞重量为 60550 千克，最大飞行高度为 11280 米，其主要竞争对手是空中客车 318。波音 737—500 目前已停产。

3. 第三代：新世代（NG）

（1）波音 737—600。

波音 737—600 是波音 737—500 的直接替代型号。机长 31.2 米，机高 12.6 米，翼展 34.3 米，两级客舱布局载客量为 110 人，单级客舱布局载客量为 132 人，最大起飞重量为 65090 千克

（2）波音 737—700。

波音 737—700 为 737NG 系列的标准型号。机长 33.6 米，机高 12.5 米，翼展 34.3 米，两级客舱布局载客量为 126 人，单级客舱布局载客量为 149 人，最大起飞重量为 70080 千克，最大飞行高度为 12250 米。

（3）波音 737—800。

波音 737—800 是波音 737—700 的机身延长型号。机长为 39.5 米，机高 12.5 米，最大速度为 885 公里/小时，两级客舱布局载客量为 162 人，单级客舱布局载客量为 189 人。不带翼梢小翼的翼展是 34.4 米，带翼梢小翼的机型翼展是 35.79 米。最大起飞重量为 7791 千克，最大飞行高度为 12400 米。

（4）波音 737—900。

为了与 185 座空中客车 321 竞争，波音 737—900 在 737—800 型的基础上再加长 2.6 米，机身长达到 42.1 米。它是波音 737 系列中最新、最大的成员。翼展 34.3 米，带小翼的机型翼展是 35.7 米，两级客舱布局载客量为 189 人，单级客舱布局载客量为 215 人，最大起飞重量为 85130 千克，最大航程 5925 公里。

4. 第四代：波音 737MAX

波音 737MAX 项目于 2011 年 8 月 30 日启动。这一新的飞机家族建立在新一代 737 优势基础之上，包括 737MAX7、737MAX8 和 737MAX9。波音 737MAX 融入了最优秀的未来发动机技术，以实现最高

的效率、最大的可靠性和乘客吸引力。最大的乘客吸引力体现在波音天空内饰上，它显著提升了乘客体验，赢得了乘客的青睐和忠诚度。新内饰的强大吸引力来自宽敞的客舱空间、与天花板融为一体而容量更大的头顶行李舱以及为客舱带来各种色彩的 LED 照明。

（八）波音 747

波音 747 是一款双层客舱、宽体、双通道、四发动机飞机，是世界上最易识别的客机之一，亦是全世界首款生产的宽体民航客机。截至 2013 年 3 月，波音 747 共生产了 1464 架。波音 747 最新型号是 747－800，已在 2011 年正式投入服务。波音 747 头等舱、商务舱、经济舱三级客舱布局（以下简称"三级客舱布局"）载客量达 416 人，而两级客舱布局载客量则高达 524 人。

1. 波音 747－100

波音 747－100 是波音 747 的基本型号，共生产 205 架，于 1986 年停产。

2. 波音 747－200

波音 747－200 是波音 747－100 的改进型号，共生产 393 架，于 1991 年停产。

3. 波音 747－300

波音 747－300 是 747－200 的改进型号，共生产 83 架，于 1990 年停产。

4. 波音 747－400

波音 747－400 属于第二代波音 747，是波音公司生产的四发远程宽体机身运输机和宽机身客机，采用双层客舱及独特外形设计。波音 747－400 客机型号于 2007 年停产，仅保留货机型号继续生产。

5. 波音 747－8

作为对竞争对手空中客车 380 大型客机的回应，2005 年 11 月 14 日，波音公司正式启动了新型波音 747－8 项目。波音 747－8 项目包括 747－8 洲际型客机与 747－8 货机。波音 747－8 将采用波音 787 的技术，加强波音 747 的载客和载货能力，机身有两段地方共延长约 5.5 米，三级客舱布局下 747－8 客机比 747－400 多出了 51 个座位。机长 6.4 米，翼展 68.5

米，机高 19.4 米，最大起飞重量为 439985 千克。

（九）波音 757

波音 757 是美国波音公司生产的双发窄体中远程民航客机。用于替换波音 727，并在客源较少的航线上作为波音 767 的补充。波音 757 于 1983 年投入服务，并于 2005 年 11 月 18 日停产。波音 757 型号有 757-200、757-300。

（十）波音 767

波音 767 是一款中型双发动机宽体民用运输机，主要竞争对手是空中客车 310。波音 767 首个型号是 767-200，之后生产了较长的 767-300，此外还有长途运输专用的 767-200ER、767-300ER 和 767-400ER。1985 年 5 月，美国联邦航空局批准波音 767 在远程飞行中距离备降机场最多可达 120 分钟飞机时间，即 120 分钟双发延程飞行（ETOPS）。1989 年 3 月，美国联邦航空局又批准其 180 分钟 ETOPS。

（十一）波音 777

波音 777 是一款中远程双引擎宽体客机，是目前全球最大的双引擎宽体客机，载客量为 283~368 人，航程为 9695~17500 公里。主要型号有 777-200、777-300。

1990 年 10 月 29 日，波音公司正式启动波音 777 项目。1994 年 6 月 12 日，第一架波音 777 首次试飞，1995 年 4 月 19 日获得欧洲联合适航证和美国联邦航空局型号合格证，1995 年 5 月 30 日获准 180 分钟双发延程飞行，1995 年 5 月 17 日首架交付美国联合航空。波音 777 在大小和航程上介于波音 767-300 和 747-400 之间，具有座舱布局灵活、航程范围大和不同型号能满足不断变化的市场需求的特点。波音 777 最明显的识别标志就是它的三轴六轮主起落架系统和两个前轮。这种结构既有效地分散了路面载荷，又使飞机有不超过三个起落架支柱。波音 777 驾驶舱采用了最新技术的平面液晶显示系统和数字驾驶舱技术，保留了驾驶盘但没有采用侧向操纵杆。波音 777 的数字驾驶舱技术已在波音 757、767 和 747-400 上得以验证，许多过去由驾驶员手动的操纵现在都可自动完成，减少了驾驶员的工作负荷。

（十二）波音787

波音787，又称为"梦想客机"（Dream liner），是一款中型双发宽体中远程运输机，机内两行通道，是波音公司1990年启动波音777计划后14年来推出的首款全新机型，于2010年交付使用。

当前波音787系列飞机共有四种机型在研制生产中，分别是787-3、787-8、787-9、787-10。

1. 波音787-8

波音787-8是波音787的基本型号，三级客舱布局载客量为223人，航程达15700公里。波音787-8于2011年首次投入使用。

2. 波音787-3

波音787-3主要针对高密度短程航线设计，三级客舱布局载客量为296人，航程6500公里。

3. 波音787-9

波音787-9是787-8的加长型号，机身加长了6米，三级客舱布局载客量为259人。

4. 波音787-10

波音787-10是波音787-8的加长型号，载客量可达300～330人，航程为12984公里。2013年开始研发，于2015年投入使用。

思考题

1. 请说一说波音公司的发展历史。

2. 波音飞机的主要机型有哪些？

3. 波音737的主要机型有哪些？

第二节　空中客车飞机的发展

一、空中客车公司简介

空中客车公司是欧洲一家民航飞机制造公司，是业界领先的飞机制造商，创建于 1970 年，是一家集法国、德国以及后来加盟的西班牙与英国公司为一体的欧洲集团公司，总部设于法国图卢兹，是欧洲最大的军火供应制造商欧洲航空防务航天公司（EADS）旗下企业。全球员工约 57000人，在美国、中国、日本和中东设有全资子公司，在汉堡、法兰克福、华盛顿、北京和新加坡设有零备件中心，在图卢兹、迈阿密、汉堡和北京设有培训中心，在全球各地还设有 150 多个驻场服务办事处。空中客车公司还与全球各大公司建立了行业协作和合作关系，在 30 个国家拥有约 1500名供货商，目前已掌握了全球约一半的民用飞机订单。

空中客车公司创建的初衷是使欧洲飞机制造商能够与强大的美国对手有效竞争。通过克服国家间的分歧、分担研发成本以及合作开发更大的市场份额，空中客车公司改变了竞争格局，并且为航空公司、旅客和机组带来了真正的竞争效益。

图 1-3　空中客车公司标志

二、空中客车公司发展历史回顾

第二次世界大战以后，除了东欧与苏联外，世界干线客机市场几乎都由美国厂商垄断。1966 年，法、英、德三国政府决定对欧洲的航空工业力量进行集中，由各国的主要航空企业组成了一个临时的空中客车公司，共同启动一个空中客车客机项目，即空中客车 300。1967 年 9 月，英国、

法国和德国政府签署一个谅解备忘录，开始进行空中客车 300 的研制工作。这是继协和飞机之后欧洲的第二个主要的联合研制飞机计划。1968 年，戴高乐政府任命齐格勒为这个公司的主管，然而英国由于对空中客车 300 选用美国发动机很不满意，宣布退出空中客车项目。1969 年 5 月 29 日，德国多家公司联合成立了空中客车德国公司，法国南方飞机公司和北方飞机公司也合并成立了空中客车法国公司，荷兰福克公司也宣布加入空中客车计划，三国于 1970 年 12 月 8 日正式成立了空中客车工业集团，齐格勒任总裁。西班牙航空制造公司于 1971 年加入空中客车工业集团，英国也于 1979 年 1 月重新回到空中客车工业集团。

1972 年 9 月 28 日，第一架空中客车 300 原型机正式出厂。1978 年 7 月，空中客车公司启动了空中客车 310 项目。1985 年，空中客车公司启动了空中客车 320 系列飞机项目。1993 年，空中客车公司同时推出空中客车 330、340 远程客机计划。1995 年，空中客车公司新机销售量占到了全球民用飞机市场的 30%，到 2003 年，又增加到 50%。2000 年 12 月 19 日，空中客车公司正式宣布启动空中客车 3×× 项目，即现在的空中客车 380。2001 年，空中客车公司达到了其历史上的另一个里程碑，即成为一家独立的整合的企业。欧洲航空防务航天公司（由原空中客车集团的三家伙伴公司法宇航、德宇航和西班牙宇航合并而成）和英国宇航公司，将其所有在原空中客车集团的资产全部过渡到一个新的合资公司。2005 年 1 月 18 日，空中客车公司为空中客车 380 举行了隆重的出场典礼。2005 年 10 月，空中客车公司推出了空中客车 350 计划。

三、空中客车系列飞机历史

空中客车公司的现代化综合生产线由非常成功的系列机型组成：单通道的空中客车 320 系列（空中客车 318、319、320、321），宽体空中客车 300、310 系列，远程型宽体空中客车 330、340 系列，全新远程中等运力的空中客车 350 宽体系列，以及超远程的双层空中客车 380 系列。

第一架空中客车 300 原型机于 1972 年 9 月 28 日在空中客车正式出厂，这一天也成为欧洲民用航空合作的一个里程碑。1978 年 7 月，空中客车公司开始研制空中客车 310，并于 1983 年投入商业运营。1985 年，空中客车公司启动了空中客车 320 系列飞机项目。空中客车 320 单通道系列飞机（包括空中客车 318、319、320 和 321）一直都是航空市场最畅销的机型。1993 年，空中客车公司同时推出空中客车 330、340 远程客机计划，并创新性地采用了两种机型"套裁"发展的新理念，即两种飞机采用相同的机翼、同样的机身截面，不同之处仅是空中客车 330 装两台发动机，空中客车 340 装 4 台发动机。空中客车公司把电传操纵驾驶舱推广到所有空中客车的 12 种飞机上，驾驶空中客车任意一种飞机的驾驶员只要接受很短的训练，就可以驾驶空中客车的其他飞机。这种通用性深受航空公司的青睐，从而使空中客车飞机的营销业绩不断上升。1994 年 6 月，空中客车开始研发自己的超大型飞机，名为空中客车 3××。2000 年 12月 19 日，刚重整架构的空中客车管理层表决通过投资 8 亿欧元于空中客车 3×× 计划，并定名为空中客车 380。空中客车 380 于 2001 年初正式定型。2005 年 1 月 18 日，空中客车公司为空中客车 380 举行了隆重的出场典礼。2005 年 10 月 6 日，空中客车 350 项目正式启动。2013 年 6 月 14日，新一代空中客车 350XWB 宽体飞机在法国图卢兹布拉尼亚克机场首飞。

四、空中客车系列飞机主要机型

（一）空中客车 300

空中客车 300 是一款中短程双通道双发动机宽体客机，也是空中客车公司第一款投产的客机。于 1972 年投入生产，2007 年 7 月停产。共生产 561 架。机长 54.1 米，机高 16.54 米，翼展 44.84 米，两级客舱布局载客量为 266 人，单级客舱布局载客量为 298 人，有空中客车 300B2、300B4、300－600、300C 和 300F 等改进型。

（二）空中客车 310

空中客车 310 是空中客车公司在空中客车 300 基础上研制的 200 座级中短程双通道双发动机宽体客机。机身缩短，设计了新的机翼，采用双人机组。两级客舱布局载客量为 220 人。该机型于 1978 年 7 月开始研制，1982 年 4 月 3 日首架原型机首飞，于 1983 年投入商业运营，载客量达 220 人，航程达 9600 公里。有空中客车 310－200 和空中客车 310－300 等

改进型。目前该机型已停产。

1. 空中客车310-200

基本型，机长46.66米，机高15.8米，翼展43.89米。

2. 空中客车310-300

空中客车310-300为空中客车310-200的加大航程型，外形上与空中客车310-200几乎相同。空中客车310-300机长46.66米，机高15.8米，翼展43.89米，两级客舱布局载客量为220人。空中客车310-300通过附加的中央和水平尾翼油箱增加了最大起飞重量和续航能力，于1985年7月首飞，1986正式投入使用。

（三）空中客车320

空中客车320是空中客车公司于1988年推出的一款中短程双发动机窄体民用运输机，是第一款使用数字电传操纵飞行控制系统的商用飞机。截至2011年，整个空中客车320系列共交付了5000多架，仅次于波音737，是历史上销量第二的喷气式客机。空中客车320系列包括空中客车320、321、319和318四种基本型号，这四种型号的飞机拥有相同的基本客舱配置，从107座到221座。空中客车320系列所有的型号都拥有双发延程飞行操作标准ETOPS的等级。

1. 空中客车320

空中客车320是该系列的基本型号。空中客车320机长37.57米，翼展34.1米，机高11.76米，最大起飞重量78000千克，两级客舱布局载客量为150人，单级客舱布局载客量为180人，航程可达5700公里。空中客车320系列有两个型号：空中客车320-100和空中客车320-200。空中客车320-100是基本型号，产量很少，只生产了21架，320-200是主要型号。

2. 空中客车321

空中客车321是空中客车320的加长型号，是空中客车320系列飞机的最大型号。与空中客车320相比，空中客车321机身加长了6.93米，增加了24%的座位和40%的空间。空中客车321项目于1989年5月启动，1993年3月11日首航，1994年1月交付使用。主要型号有空中客车321-100、321-200。空中客车321-200机长44.51米，翼展34.1米，机高 11.76 米，航程可达 5600 公里，两级客舱布局载客量为 185 人，单级客舱布局载客量为 220 人，最大起飞重量为 93500 千克。

3. 空中客车 319

空中客车 319 是空中客车 320 的缩短型号，该项目于 1993 年 6 月启动，1995 年 8 月 25 日首飞，1996 年交付使用。空中客车 319 机长 33.84 米，翼展 34.1 米，机高 11.76 米，最大起飞重量为 75500 千克，两级客舱布局载客量为 124 人，单级客舱布局载客量为 156 人。

4. 空中客车 318

空中客车 318 是空中客车 319 的缩短型号，是空中客车 320 家族里最小的成员。空中客车 318 于 2002 年 1 月首飞，2003 年 7 月投入运营。空中客车 318 机长 31.44 米，比空中客车 320 短了 6 米。翼展 34.1 米，机高 12.51 米，最大起飞重量为 68000 千克，两级客舱布局载客量为 107 人，单级客舱布局载客量为 132 人。空中客车 318 飞机航程为 600 公里，主要用于定期航线，也用于中型城市之间的短程、低密度航线。

5. 空中客车 320neo

空中客车 320neo 是现款空中客车 320 系列飞机的改进机型号，该项目于 2010 年 12 月启动。空中客车 320neo 与现有的空中客车 320 系列飞机具有 95％的通用性，可以无缝加入现有空中客车 320 系列飞机的机队。

（四）空中客车 330

空中客车 330 是一款中远程双发动机双过道宽体民用客机。空中客车 330 系列飞机包括空中客车 330-200 客机、330-300 客机、330-200F 货机、轻量版 330-300 和 330MRTT 军用运输机。

1. 空中客车 330-200

空中客车 330-200 于 1997 年 8 月首飞，1998 年 4 月开始交付使用。该机型从机身较长的空中客车 330-300 衍生而来，是空中客车 330 的远程短机身型。两级客舱布局载客量为 293 人，三级客舱布局载客量为 253 人。空中客车 330-200 航程达 12500 公里，符合 ETOPS 的 180 分钟标准。机长 58.8 米，机高 17.4 米，翼展 60.3 米，最大起飞重量为 230 吨。

2. 空中客车 330-300

空中客车 330-300 使用与空中客车 330-200 相同的发动机，并符合

ETOPS 的 180 分钟标准。空中客车 330—300 于 1993 年起开始投入使用。三级客舱布局载客量为 295 人，两级或单级客舱布局载客量分别为 335、440 人。机长 63.6 米，机高 16.85 米，翼展 60.3 米，最大起飞重量为 230 吨。

（五）空中客车 340

空中客车 340 是一款四发动机远程双过道宽体客机。空中客车 340 系列飞机包括 4 种不同的型号，分别是空中客车 340—200、340—300、340—500 和 340—600。由于机身长度不同，该系列产品覆盖 240~359 座这一较大座级范围。由于更宽的机身，空中客车 340 系列飞机在两级客舱布局下舒适度极高，其最远航程可达 16668 公里。目前该机型已停产。

1. 空中客车 340—200

空中客车 340—200 在三级客舱布局共 261 名乘客的情况下，航程可达 13000 公里；在 239 座位的布局下，其续航距离更可达 14800 公里。空中客车 340—200 于 1992 年 4 月 1 日首次飞行，1993 年 2 月 2 日开始投入运营。

2. 空中客车 340—300

空中客车 340—300 在三级客舱布局共 295 名乘客的情况下，航程可达 12400 公里。空中客车 340—300 于 1991 年 10 月 25 日作首次飞行，并于 1993 年 3 月正式投入运营。该机型已于 2008 年 7 月停产。

3. 空中客车 340—500

空中客车 340—500 开始首次商业飞行时为续航距离最长的商业民航客机，直至 2006 年初才被波音 777—200 所取代。空中客车 340—500 能在运载 313 名乘客的情况下飞行超过 16000 公里。空中客车 340—500 于 2002 年 2 月 11 日首飞，2002 年 12 月 3 日投入运营。

4. 空中客车 340—600

空中客车 340—600 为历史上机身最长的民航客机，比波音 747—400 长 4 米，甚至比空中客车公司的新型超大型远程宽体客机空中客车 380 还长 2.3 米。空中客车 340—600 能在三级客舱布局共 380 名乘客（两级客舱布局载客量为 419 名）的情况下飞行超过 13900 公里。空中客车 340—600 的载客能力与波音 747 的载客量相近，但底舱的货盘装运能力是波音

747 的两倍。

（六）空中客车 380

空中客车 380 是空中客车公司研发的双层四发动机巨型客机，是目前世界上最大的商用飞机。当采用最高密度座位安排时，可承载 853 名乘客。空中客车 380 客机打破波音 747 统领近 37 年的世界载客量最高的民用飞机纪录。空中客车 380 客机是首架拥有四条乘客通道的客机，典型座位布置为上层"2＋4＋2"形式，下层为"3＋4＋3"形式。空中客车 380 拥有贯通首尾的双层客舱，乘客可以从两层客舱之间的固定扶梯上下客舱，是真正意义上的双层宽体客机。

1. 空中客车 380－800

客机型。三级客舱布局载客量为 525 人，两级客舱布局载客量为 644 人，单级客舱布局载客量为 853 人，航程为 15700 公里，机长 72.72 米，机高 24.09 米，翼展 79.75 米，最大起飞重量 560000 千克，最高巡航高度 13100 米。

2. 空中客车 380－900

客机型，是加长型的空中客车 380。三级客舱布局载客量为 656 人，单级客舱布局载客量为 960 人。该机型现未投产。

3. 空中客车 380－1000

客机型，也是加长型的空中客车 380。三级客舱布局载客量为 856 人，单级客舱布局载客量为 1260 人。该机型现未投产。

（七）空中客车 350XWB

空中客车 350XWB 是空中客车的新世代中大型中至超长程用宽体客机系列，该项目于 2005 年 10 月 6 日正式启动，以取代早期推出的空中客车 330 及空中客车 340 系列机种。空中客车 350XWB 系列飞机包括 3 种不同机型，分别是空中客车 350－800、350－900 和 350－1000。无论哪一种机型的空中客车 350XWB 飞机，其航程都可覆盖全球各个角落。在三级客舱布局下，空中客车 350－800 可搭载 276 名乘客，空中客车 350－900 和空中客车 350－1000 则分别可搭载 315 和 369 名乘客。空中客车 350XWB 系列所有型号的飞机在高密度客舱布局下的客量都可以达到 440 人。

空中客车 350 的主要竞争对手为波音 777 及 787 系列。2013 年 6 月 14 日，首架空中客车新一代 350XWB 宽体飞机在法国图卢兹布拉尼亚克机场首飞。

思考题：

1. 请说一说空中客车公司的发展历史。
2. 空中客车飞机的主要机型有哪些？
3. 空中客车 320 系列包括哪些机型？

第二章 波音、空中客车主要系列机型简介

第一节 波音 737 系列简介

图 2-1 海南航空波音 737

波音 737 系列是美国波音公司生产的一种中短程双发喷气式客机，被称为世界航空史上最成功的民航客机。波音 737 系列主要针对中短程航线的需要，可靠、简捷，且极具运营和维护成本的经济性特点。波音 737 系列是波音公司在 20 世纪 60 年代开始研制的双发中短程单通道窄体客机。自 1967 年获得适航证并交付使用以来，波音 737 系列共计推出了三代九种机型，迄今总共交付了 7000 多架飞机，是国际民用航空市场上畅销的机型之一。无论从销售业绩、飞机性能，还是从航空公司的反馈方面来看，波音 737 系列都是相当出色的。波音 737 系列的基本型为波音 737-

100、737-200；传统型为波音 737-300、737-400、737-500。目前，基本型和传统型波音 737 均已停止生产，取而代之的是波音 737-600、737-700、737-800 和 737-900。波音飞机之所以能够畅销不衰是因为其具有以下几点特性。

通用性：虽然其基本型和传统型不再生产，但并不意味着波音 737 的型号从此就被淘汰。新一代波音 737 项目的正式启动为波音 737 系列带来了新的契机和技术更新。它以出色的技术赢得了市场青睐，被称为卖得最快的民航客机。截至 2001 年年底，已交付超过 1000 架。新一代波音 737 系列与传统型波音 737 系列具有相同的零部件与地面支持设备，以及与之完全相同的地面维护。另外，新一代波音 737 系列的四种机型间具有 98% 的机械零部件通用性和 100% 的发动机通用性，从而使航空公司降低了运营成本，也为机务维修人员带来巨大的便利。

灵活性：新一代波音 737 系列的客舱内饰也应客户要求有了很大的改善，采用了波音 777 系列飞机客舱顶板的设计技术；飞机的灵活性大大改进，航空公司可以在 1 分钟内将新一代波音 737 的客舱布局从公务舱的每排 5 座改成经济舱的每排 6 座，也可以在 1 小时内将新一代波音 737 的客机改装成货机。

称波音 737 系列为世界航空史上最成功的民航客机一点也不为过，无论从其销售业绩、飞机性能，还是从航空公司的反馈方面来看，它都是相当出色的。波音 737 系列经历了近半世纪的风雨，在技术上不断完善，同时继续保持着故障率低、可靠性高、用户使用成本低的特点，深受各航空公司的青睐。在中国，波音 737 系列是大多数航空公司的主力机型，也是公司经济效益的源泉。由于其性能优越，适用于国内绝大部分航线飞行，直到现在，波音 737 仍是运营效益最好的机型。

波音 737 系列大多可分为全经济舱或公务舱加经济舱的两种设置。客舱除了前后四个正常舱门外（其中 L1、L2 为主登机门，R1、R2 为服务舱门），在客舱中部的左右两侧（约在第 11~15 排之间）还有两个（波音 737-800、737-900 有四个）紧急出口，可供紧急情况时使用。其他机型根据飞机大小和设计的差异，紧急出口的数量不等。除了小型支线飞机外，大多民用客机的正常舱门至少有四个。客舱紧急设备通常固定在乘务员服务舱附近，急救药箱也同样固定在紧靠服务舱附近的行李架内，以便在特殊情况时乘务员能够及时准确地拿取这些紧急设备。

图 2-2　成都东星航空旅游专修学院教学飞机波音 737

一、飞机动力

（一）辅助动力系统

波音 737 系列的辅助动力系统（APU）安装在飞机的尾部，它的主要部件是一个涡轮喷气发动机，在地面和空中都可以使用。在地面如果没有外接电源，APU 可以提供电力和引气。在空中，飞机在 17000 英尺高度时，APU 可以作为备用设备提供引气。

（二）电力系统

波音 737 系列的电力系统为飞机提供 28 伏直流电（DE）和 115 伏交流电（AC）两种电力。在地面时，也可由辅助动力系统或外动力车提供动力。如果电力系统的一个或多个发电机不能工作，厨房电力会自动切断。

（三）空调和气压

正常情况下，波音 737 系列用于空调和密封的引气由发动机提供，辅助动力系统也能用来提供引气。驾驶舱和客舱的温度是分开控制的，客舱温度由驾驶舱控制。

二、波音 737 系列性能数据

（1）波音 737 系列的最大航程是 6038 公里。

（2）波音 737 系列发动机的型号是 CFM56-3。

（3）波音 737 系列的最大速度是 800 公里/小时。

（4）波音 737 系列的高度最高是 11277 米。

（5）波音 737 系列的发动机单发推动力为 22000 磅。

（6）波音 737 系列的辅助动力装置位于飞机的尾部。

（7）APU 为波音 737 系列提供电源和气源。

（8）波音 737 系列的主电源系统是 115 伏。

（9）波音 737 系列的支流电源系统是 28 伏。

（10）波音 737 系列紧急出口的座位是不可调节的。

（11）波音 737 系列的水箱容量为 30 加仑，位于 R2 门上方或后服务舱控制面板上。

（12）波音 737 系列洗手间自动灭火装置的使用时间为 10 秒。

（13）机长呼叫乘务员、乘务员之间相互呼叫时，客舱内双声钟响起，舱顶的粉红色灯亮。

（14）乘务员呼叫驾驶舱时，驾驶舱内单声钟响，蓝色灯亮。

（15）旅客呼叫乘务员，客舱单声钟响，乘务员处舱顶蓝色灯亮。

（16）洗手间呼唤铃响时，门外右上方的琥珀色灯亮。

（17）波音 737 系列共有四个滑梯。

（18）波音 737 系列应急手电筒可使用 4 小时，每 3~4 秒闪一次。

（19）波音 737 系列应急灯可使用 15 分钟。

（20）波音 737 系列应急发报机启动后会在 200 英里（1 英里等于 1.609344 公里）连续发报 48 小时。

（21）波音 737 系列救生衣上的定位灯亮起后可持续 8~10 小时。

（22）波音 737 系列防烟面罩可使用 15 分钟，氧气面罩可使用 12~13 分钟。

三、客舱布局（波音 737−800）

波音737−800（167个座位）

头等舱：1−2排，8个座位
经济舱：3−39排，159个座位

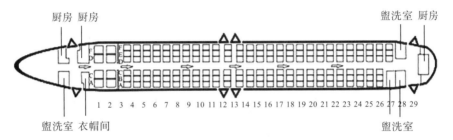

图 2−3　波音 737−800 示意图

（一）客舱舱门

波音 737 系列属中型飞机，客舱分为公务舱和普通舱两部分。

客舱共有四个舱门，左、右侧各两个，代号分别为 L1、L2、R1、R2。正常情况下，左侧门为登机门，右侧门为供应物品门，又称为服务门。登机门是向内/向外开启的插入式舱门，向内开门，其中 L1 门为了开启方便带有弹力。紧急情况下四个门均为出口，供乘客和机组人员撤离飞机时使用。

（二）机窗

波音 737 系列在飞机的客舱两侧每隔 20 英寸设置一个机窗，以便乘客观察机外景色。机窗上备有遮阳板，向上推动，遮阳板打开；向下拉动，遮阳板关上，但是紧急出口处的遮阳板开关方向与之相反。

（三）卫生间

波音 737 系列一般客舱内设有三个卫生间，L1 门处一个，L2 门处一个，R2 门处一个。也有的客舱内设有四个卫生间，L1 门处一个，L2 门处一个，R2 门处两个。

（四）厨房

波音 737 系列飞机上设有两个厨房，前厨房位于前服务间内，后厨房位于后服务间内。

（五）乘务员座椅

波音 737 系列共有六个乘务员座椅，L1 门处两个，L2 门处两个，R2门处两个。

四、客舱储藏空间

（一）行李架

波音 737 系列行李架位于乘客座椅上方的天花板上，可储存毛毯、枕头、乘客的随身物品及部分应急设备。每个行李架上有一个标牌，注明了行李架的最大承受重量（如图 2-4）。

图 2-4　成都东星航空旅游专修学院教学飞机波音 737 行李架

（二）衣帽间和隔板

波音 737 系列衣帽间位于飞机的前半部，以备乘客挂衣物。一般分为两类：有门的衣帽间和无门的衣帽间。衣帽间里有灯，当客舱灯光提供的照明不足时，乘务员可以打开衣帽间的灯。

波音 737 系列隔板用于分隔客舱内的各个空间，如公务舱和经济舱之间、前服务间和公务舱之间都是用隔板分隔的。有些隔板上配备有书报袋，可装报纸、杂志等物品（如图 2-5）。

图 2-5　成都东星航空旅游专修学院教学飞机波音 737 隔板

五、乘客座椅

波音 737 系列乘客座位的具体数量根据航空公司的需要可适当调整，根据不同机型、不同的客舱布局和航空公司的不同需求，座位数一般为 126 到 189 个。以客舱通道为界，经济舱通道左右各有三个乘客座椅，公务舱通道左右各有两个乘客座椅（如图 2-6、2-7、2-8）。

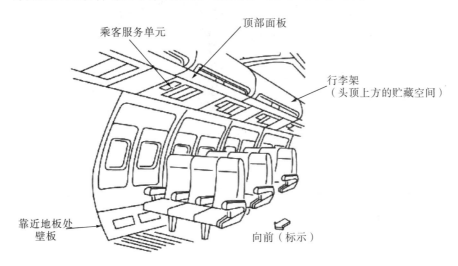

图 2-6　波音 737 乘客座椅示意图

图 2-7　成都东星航空旅游专修学院教学飞机波音737客舱座椅（一）

图 2-8　成都东星航空旅游专修学院教学飞机波音737客舱座椅（二）

乘客座椅上装有安全带，座椅扶手上装有可调节座椅靠背角度的按钮。座椅背后均装有供乘客使用的椅背网袋（除最后一排外）和可折叠的小桌板（如图2-9）。紧急出口处的座椅靠背固定，不能调节角度。

图 2-9　成都东星航空旅游专修学院教学飞机波音 737 小桌板

安全带是安装在座椅上的一套安全设备（如图 2-10）。在飞机滑行、起飞、颠簸、着陆的过程中，或者"系好安全带"信号灯亮及紧急撞击时，所有人员都应将安全带系好，特殊乘客需在安全带与腹部之间垫上枕头或毛毯。

图 2-10　成都东星航空旅游专修学院教学飞机波音 737 安全带

成年人安全带供正常成年人使用，未成年人安全带是指供两岁以内婴幼儿使用的安全带，其用法是将未成年人的安全带穿过成年人安全带上的环内并系好。

六、乘客服务单元和氧气面罩

波音 737 系列乘客服务单元（PSU）位于客舱乘客头顶上方的行李架的底部，每个乘客服务单元都配备了呼叫铃灯、阅读灯和开关（如图 2-11）、"系好安全带"和"禁止吸烟"信号牌以及座椅定位标志。

图 2-11　成都东星航空旅游专修学院教学飞机波音 737 阅读灯

波音 737 系列乘客氧气面罩位于每个座椅上方的行李架处，在经济舱中，客舱左侧有四个氧气面罩，客舱右侧有三个氧气面罩。在客舱和每个乘客服务单元的氧气面罩储藏箱内装有一个化学氧气发生器，可提供大约12 分钟的氧气。部分机型的应急氧气是由货舱内大的固定氧气瓶提供的。当客舱高度升高，空气中氧气含量不能供乘客正常呼吸时，氧气面罩会自动脱落，供乘客吸氧（如图 2-12、2-13）。

图 2-12　成都东星航空旅游专修学院教学飞机波音 737 氧气面罩（一）

图 2-13　成都东星航空旅游专修学院教学飞机波音 737 氧气面罩（二）

氧气面罩为乘客供氧的方式有三种。

（一）自动方式

如果客舱高度超过 14000 英尺，客舱失压后，氧气面罩储藏箱自动打开，氧气面罩自动脱落。

（二）电动方式

当自动方式失效时，可由机组人员操纵驾驶舱内的乘客供氧电门，氧气面罩储藏箱的门也能打开，氧气面罩自动脱落。

（三）人工方式

当自动和电动方式都无法打开氧气面罩储藏箱时，可由人工方式打开。其方法为使用尖细物品如笔尖、别针、发卡等打开氧气面罩储藏箱的门，使氧气面罩脱落。

使用氧气面罩时应注意以下几点：

（1）化学氧气发生器只有在拉动面罩后才开始工作，而且拉动一个面罩可使该氧气储藏箱内所有的面罩都有氧气流出，乘客将面罩罩在口鼻处就可以正常呼吸。

（2）在化学氧气发生器工作时，会产生热量，不要用手触摸，以免烫伤。另外要注意的是，在机上发生火灾时，氧气面罩不能当作防烟面罩。

（3）用氧开始后，客舱内严禁吸烟，严禁一切明火。

（4）氧气面罩使用完后，乘务员要及时在客舱记录本上填写使用记录。

图 2—14　波音 737 旅客座位上方的氧气面罩

七、乘务员工作岗位

波音 737 系列的乘务员工作岗位位于前、后乘客入口处，包括乘务员控制面板、乘务员工作灯、耳机（话筒）和乘务员座椅。且每个乘务员工作岗位有明显标记的应急设备和含有氧气面罩的一个服务单元。

（一）前乘务员控制面板

前乘务员控制面板位于飞机前舱入口处的壁板上，包括前自备梯控制开关、内话机（广播器）、入口灯开关、顶灯开关、窗灯开关、工作灯开关和地面服务灯开关等设施（如图2—15）。

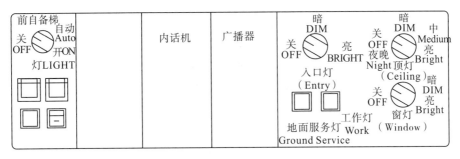

图2—15　波音737前乘务员控制面板

（二）后乘务员控制面板

后乘务员控制面板位于飞机后舱入口处的壁板上，包括饮用水标志、垃圾系统标志、内话机（广播器）、入口灯开关、应急灯开关等设施（如图2—16）。

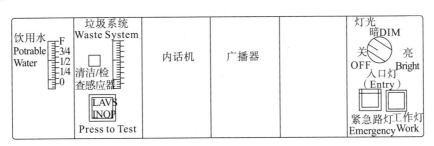

图2—16　波音737后乘务员控制面板

（三）乘务员座椅

乘务员座椅配有安全带/肩带和一个柔软的头垫。肩带是一个惯性设备，座椅不用时会缩回原位。座椅的肩带/安全带可调节，锁口中有一释放扳手，必须旋转90度才能放开（如图2—17、2—18）。乘务员座椅是可弹跳的，无人坐时会自动返回原位。

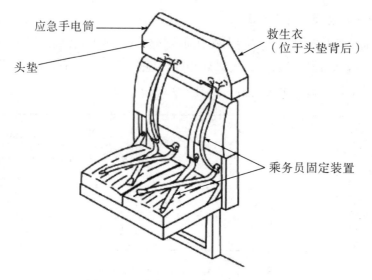

图 2-17 波音 737 乘务员座椅示意图

图 2-18 成都东星航空旅游专修学院教学飞机波音 737 乘务员座椅

手电筒储藏在每个乘务员座椅下面或行李架上，从储存位置取下时会自动亮起，电池不可充电。

八、飞机服务系统

波音 737 系列服务系统包括为飞机服务的廊桥、客梯车、拖车、污水车、餐食车、货车、加油车、净水车、清洁车等（如图 2-19）。

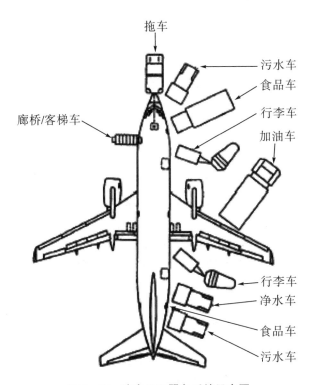

图 2-19 波音 737 服务系统示意图

思考题：

1. 波音 737-800 的最高飞行高度和巡航速度是多少？

2. 波音 737 系列 APU 的位置在哪里？有什么作用？

3. 波音 737 系列的客舱舱门有几个？客舱紧急出口有几个？

4. 波音 737 系列辅助动力系统的主要部件是什么？

5. 波音 737 系列氧气面罩的打开方式有哪些？

6. 波音 737 系列前、后乘务员控制面板有哪些开关？

第二节　空中客车 320 系列简介

图 2-20　**空中客车** 320

　　空中客车 320 系列是欧洲空中客车工业公司研制生产的单通道双发中短程 150 座级客机，是第一款使用数字电传操纵飞行控制系统的商用飞机。空中客车公司在其研制的空中客车 300、310 宽体客机获得市场肯定，打破美国垄断客机市场的局面后，研制了一系列与波音 737 系列和 MD-80 系列进行竞争的机型，包括空中客车 318、319、320 及 321 四种客机。这四种客机拥有相同的基本座舱配置，飞行员只需要接受一种飞行训练，就可驾驶这四种客机。这种共通性设计也降低了维修的成本以及备用航材的库存。

　　空中客车 320 是一种真正的创新飞机，为单过道飞机建立了一个新的标准。空中客车 320 拥有较宽的客舱，给乘客提供了更大的舒适性。因为较宽的客舱可采用更宽的座椅，使飞机拥有更宽敞的客舱空间。加之空中客车 320 比其竞争者飞得更远、更快，因而具有更好的使用经济性。在此基础上，欧洲空中客车工业公司又发展了较大型和较小型的机型，即 186 座的空中客车 321、124 座的空中客车 319 和 107 座的空中客车 318。空中客车 320 系列客机在设计中采用"以新制胜"的方针，采用先进的设计和生产技术以及新的结构材料和先进的数字式机载电子设备，是世界上第一种采用电传操纵系统的亚音速民航运输机，其机翼在空中客车 310 机翼的基础上又进行了改进，双水泡形机身截面大大提高了货舱中装运行李和集装箱的能力。其客舱舒适而宽敞，是当前最受欢迎的 150 座级的中短程客机。

目前，有 150 多家运营商运营共 2400 多架包括空中客车 318、319、320、321 在内的空中客车 320 系列飞机，累计飞行时间达 3000 万小时。这些飞机组成了世界上最具盈利能力的单通道飞机系列。

空中客车 320 系列在设计上注重提高客舱适应性和舒适性，并采用目前单通道飞机可用的最现代化的完善电传操纵技术，力求达到最优的盈利能力，以确保在各个方面节省直接运营成本，并为运营商提供了 100 至 220 座级飞机中最大的共通性和经济性。

空中客车 320 系列拥有单通道飞机市场中最宽敞的机身，这一优化的机身截面为客舱灵活性设定了新的标准。通过加宽座椅，空中客车 320 系列提供了最大程度的舒适性。此外，其优越的客舱尺寸和形状可以安装较大的行李架，更加方便乘客，同时也可以加快上下乘客的速度。较宽的机身还提供了无与伦比的货运能力。空中客车 319、320 和 321 是能够提供集装箱货运装载系统的飞机，该系统与全球标准宽体飞机装载系统兼容，从而减少了地服设备，也降低了装卸成本。该系列飞机具有的高可靠性进一步增强了其营利性和为乘客提供服务的能力。此外，空中客车 320 系列还是一个对环境负责任的机型，其油耗、废气排放和噪音都是同级别中最低的。

空中客车 320 系列飞机的最大型号 321 于 1994 年年初投入使用。在两级客舱布局下，该系列机型能载客 185 人（单级客舱布局载客量为 220人），其极低的运营成本无与伦比。

空中客车 319 于 1996 年交付使用，使运营商从其航程选择和座位布局的灵活性方面受益匪浅。除载客量 124 人、航程 6800 公里的标准型外，空中客车公司还可根据各个航空公司的要求灵活设定座位的数量。

图 2-21　空中客车 319

空中客车 318 航程 6000 公里，2003 年 7 月投入运营，两级客舱布局载客量为 107 人，单级客舱布局载客量为 132 人。该机型拥有无与伦比的起降性能，与同级别飞机相比所需的跑道较短，为运营商提供了更大的灵活性。

图 2-22　空中客车 318

空中客车 320 系列从空中客车运营共通性的独特好处和对空中客车 318 飞机的投入中获益。空中客车公司还推出了系列提高整体可靠性、降低维护和零备件成本的增强型飞机系统。这些系统现已成为所有新订购的空中客车 320 系列的标准配置，其中包括新一代客舱双向通信数据系统。该系统包括一块供乘务员使用的图形触摸屏，方便他们编制计划并减少培训时间；还包括一些新型驾驶舱液晶显示屏，这些显示屏比阴极射线管显示屏的重量更轻，显示也更清晰，但仍以同样的方式显示数据，以保留驾驶舱共通性。此外，空中客车公司还对发电系统在内的多个飞机系统进行了修改，以降低维护和零部件成本。

思考题：

1. 空中客车 320 的舒适性体现在哪里？
2. 空中客车 320 的客舱设备包括哪些？

第三章 波音 737－800 型飞机 客舱设备

第一节 客舱灯光及通信系统

一、客舱灯光

（一）顶灯（天花板灯）

顶灯由位于前乘务员控制面板上的五个开关控制，这五个开关分别是：

（1）亮（BRIGHT）：将所有天花板的白炽灯打开至最高档。

（2）中（MEDIUM）：将所有天花板的白炽灯打开至中档。

（3）暗（DIM）：将所有天花板的白炽灯打开至最低档。

（4）夜晚（NIGHT）：位于行李架顶部的白炽灯亮，这是灯光高度的最低档。夜航休息时（巡航阶段），将顶灯调至 NIGHT 档，窗灯调至 OFF 档，乘客看书时可打开阅读灯。

（5）关（OFF）：天花板灯光关闭。

图 3-1 成都东星航空旅游专修学院教学飞机波音 737—800 客舱灯光

（二）入口处

飞机前、后入口区域照明由位于各自乘务员控制面板上的开关控制。入口灯开关为三个：

（1）亮（BRIGHT）：将入口灯调亮，同时打开门槛灯。前卫生间地板上方的墙壁上装有一个门槛灯。

（2）暗（DIM）：将入口灯调暗。

（3）关（OFF）：除非提供外部电力，否则所有入口灯关闭。当使用外部电力时，灯光很暗。

（三）工作灯

每个乘务员工作岗位都有工作灯。此灯由每个工作岗位的乘务员控制面板上的开关控制（如图 3-2）。

图 3-2 波音 737—800 前舱灯光控制开关

（四）应急灯

应急灯光系统为出口位置提供方位指示，为飞机内部、外部出口道路提供照明。

正常情况下，应急灯光系统由位于驾驶舱的开关控制。飞行前置于"预位"（ARMED）位，在"预位"位时，如果所有电力中断，所有的应急灯在飞机电源失效后自动接通，可以使用15～20分钟。只要将驾驶舱应急灯开关置于"开"（ON）的位置，飞行员可随时打开应急灯。不论驾驶舱开关处于哪个位置，将后乘务员控制面板上的应急灯开关（应急路灯）打开时，所有应急灯都会亮，并可超越驾驶舱的控制。通常情况下是放在"NORMAL"的位置。

1. 内部应急灯

内部应急灯有门灯、过道灯、紧急逃生路灯、出口灯和发光的出口标志。出口标志和紧急区域灯指示出所有乘客的客舱逃生路线（如图3-3）。

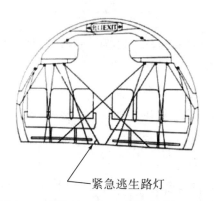

图3-3 波音737-800内部应急灯示意图

紧急逃生路灯装在地板上，距客舱过道左侧边缘约20英寸。紧急逃生路灯亮时，如果地板4英寸以上的光源均被烟雾遮蔽，它可以为紧急撤离提供视觉帮助和指示。紧急逃生路灯的电力由电池提供，可持续约10分钟。同时，行李架上的应急灯可为过道提供照明。

2. 外部应急灯

波音737-800型飞机机身每侧装有三个应急灯，为地上逃生路线和地面联络区提供灯光照明。外部应急灯为滑梯提供照明，这些应急灯位于飞机的每个入口和服务门的后部，为滑梯底部区域提供照明。当滑梯充气时，应急灯自动打开，照亮滑梯（如图 3-4）。

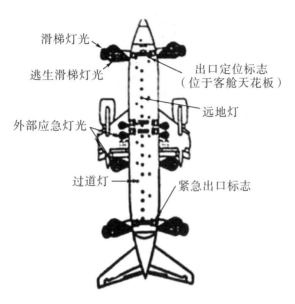

图 3-4　波音 737-800 外部应急灯示意图

（五）手电筒

手电筒储藏在乘务员座椅附近，从储藏位置取下后，自动发光，可以使用约 4.2 小时。

乘务员在飞行前要确认手电筒是否在指定位置。手电筒灯 5~10 秒钟闪烁一次，如果时间间隔太长，超过 10 秒钟才闪烁一次，可能是电力不足，地面机务人员应及时更换。

二、客舱内话系统

客舱内话系统由一方通话/接听网络组成，它在驾驶舱、乘务员工作岗位和外部/内部服务插口有站点。波音 737-800 型飞机客舱里有两个话筒，分别位于前、后入口处的乘务员工作岗位（如图 3-5）。

图 3-5　成都东星航空旅游专修学院教学飞机波音 737-800 客舱通话系统

（一）客舱呼叫

客舱内话系统可用来做以下呼叫：

（1）驾驶舱呼叫乘务员。

（2）乘务员呼叫驾驶舱。

（3）乘务员呼叫乘务员。

（4）进行客舱广播。

当乘务员需要进行呼叫时，从话筒支架上取下话筒（如图 3-6），拨打所要站点的号码或呼叫类型，即可进行客舱内话呼叫。客舱内话呼叫时不必使用"按键通话"（PUSH TO TALK）开关。

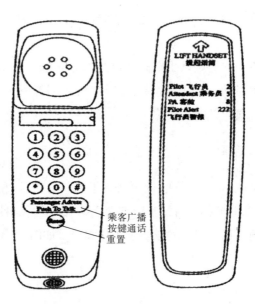

乘客广播
按键通话
重置

图 3-6　波音 737-800 话筒

（二）控制呼叫灯

波音737—800型飞机控制呼叫灯面板装在客舱行李架的前、后天花板上。控制呼叫灯面板上有三种颜色的灯光：琥珀色灯亮，代表卫生间内有人呼叫；蓝色灯亮，代表客舱内的乘客呼叫；粉色灯亮，代表机组呼叫。当内话系统进行呼叫时，相应颜色的呼叫灯就会亮起（如图3—7）。

当某乘务员工作岗位收到呼叫时，乘客广播系统响起一声高低间钟声，粉色的客舱内话机组呼叫灯亮。当接听话筒从支架上取下或手选呼叫"重接"（RESET）时，粉色内话机组呼叫灯灭。

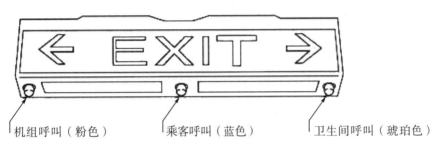

机组呼叫（粉色）　　　乘客呼叫（蓝色）　　　卫生间呼叫（琥珀色）

图3—7　波音737—800控制呼叫灯面板

三、客舱广播系统

客舱广播系统是驾驶舱、乘务员对客舱进行广播或播放预先录好的广播词的设备。乘务员可使用客舱内话机进行客舱广播，娱乐音乐和登机音乐也可通过客舱广播系统播放。

（一）客舱广播顺序

通过客舱广播系统播放预录广播和登机音乐，由广播/登机音乐系统控制。当出现几个部位同时使用内话系统时，客舱广播按以下顺序播放：

（1）驾驶舱呼叫。

（2）乘务员呼叫。

（3）预录广播。

（4）登机音乐。

如果客舱正在进行广播，此广播享有优先权，那么其他广播系统会暂停工作（预录广播、登机音乐、娱乐音乐/录像）或被超越，以保证重要广播优先播放。

（二）客舱广播程序

（1）从支架上取下话筒（听到拨号音）。

（2）在话筒上输入数字"8"。

（3）按下"按键通话"开关。

（4）进行广播。

（三）客舱与驾驶舱通讯规定

客舱与驾驶舱通信规定如表3-1所示。

表3-1　波音737-800客舱与驾驶舱通信规定一览表

信号	由谁发出	回答
内话机联络一声铃响	飞行员或乘务员	·拿起最近的内话机。 ·如果飞行员发出信号时没有应答乘务员，最近的乘务员应进驾驶舱查看。
要求进入驾驶舱用内话系统联络	乘务员	·当驾驶舱门开锁后，乘务员方可进入驾驶舱。
起飞、着陆两声铃响	飞行员或乘务员	乘务员必须保证： ·客舱已做好起飞、落地准备。 ·所有乘客坐好。 ·所有乘务员坐好。
紧急情况广播，紧急灯亮，警报响	飞行员	·如没有预先安排好，拿起最近的话机接听。 ·如预先安排好，马上开始撤离。 ·如果飞行员发出信号后，没有应答乘务员，最近的乘务员应强行进入驾驶舱，必要时可用消防斧破门。

四、放音机及使用

放音机是用于播放客舱音乐的设备（如图3-8），位于客舱L2门处乘务员座椅上方。

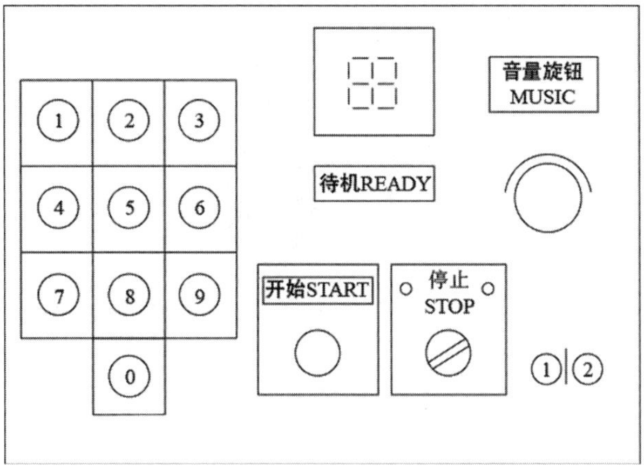

图 3-8　波音 737-800 放音机面板

放音机工作程序编码如表 3-2 所示。

表 3-2　波音 737-800 放音机工作程序编码表

关机	Stop
开舱盖	9、0、①
放音	Start

　　需要播放客舱音乐时，按下数字键 9、0 和①键（位于面板右下角），再按 START 键，旋转音量调节旋钮，调节音量大小。关闭音乐时，先将音量调节旋钮缓慢调至最小，再按下 STOP 键关闭。切忌不调节音量而直接按 STOP 键，会给乘客一种音乐戛然而止、很突兀的感觉。

五、乘客呼叫系统

（一）呼叫及信号
乘务员呼叫开关位于乘客服务单元（PSU）上（如图 3-9、3-10）。

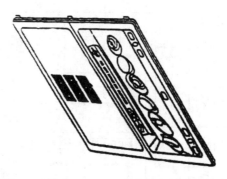

图 3-9　波音 737-800 乘客服务单元（PSU）

图 3-10　成都东星航空旅游专修学院教学飞机波音 737-800 乘客呼叫

乘客在座椅区域时可按此开关呼叫乘务员。波音 737-800 型飞机乘客呼叫系统如表 3-3 所示。

表 3-3　波音 737-800 乘客呼叫系统表

呼叫	声音	颜色	显示灯		解除方式
			前	后	
机组→乘务员	双音钟声	粉色	√	√	按前后乘务员控制板内话机上的 RESET 键。
乘务员→机组	双音钟声	蓝色	驾驶舱		按驾驶舱 RESET 键解除键。
乘务员→乘务员	双音钟声	粉色	√	√	按前后乘务员控制板内话机上的 RESET 键。

续表

呼叫		声音	颜色	显示灯		解除方式
				前	后	
卫生间	前	单音钟声	琥珀	√		按动相应卫生间外壁板处发亮的解除按钮。
	后	单音钟声	琥珀	√		
乘客→乘务员		单音钟声	蓝色	√	√	按动相应 PSU 上的呼叫键。
系好安全带禁止吸烟		单音钟声		PSU		由驾驶员控制解除。
返回座椅		单音钟声		卫生间内		由驾驶员控制解除。

乘客按下"乘务员呼叫"开关时：

（1）位于乘客服务单元的开关灯亮。

（2）位于相连的前、后乘务员工作岗位的蓝色乘务员呼叫灯亮。

（3）相连的乘务员工作岗位响起一声高音钟声。

再次按下呼叫灯所属的乘务员呼叫开关，乘务员呼叫灯熄灭。

（二）卫生间呼叫系统

卫生间呼叫开关位于卫生间洗手池橱柜上方的内墙上，按此开关可在卫生间呼叫乘务员。

按下卫生间"乘务员呼叫开关"时：

（1）卫生间外墙的卫生间呼叫灯/重接开关亮。

（2）相连的前、后乘务员工作岗位的琥珀色卫生间呼叫灯亮。

（3）相连的乘务员工作岗位响起一声低音钟声。

按下卫生间外墙的卫生间呼叫灯/重接开关，卫生间呼叫灯灭。

（三）乘客信号牌

"系好安全带"和"禁止吸烟"信号牌位于客舱内，装在乘客服务单元上（如图 3—11、3—12）。所有乘客都能看到这两个标志。

图 3—11 波音 737—800 **"系好安全带""禁止吸烟"** 信号牌

图 3-12　成都东星航空旅游专修学院教学飞机波音 737-800
"系好安全带""禁止吸烟"信号牌

　　每个卫生间的"返回座椅"信号牌只有在信号牌亮起时才能看到（如图 3-13、3-14）。

图 3-13　波音 737-800 卫生间内"返回座椅"信号牌

图 3-14　波音 737-800 "返回座椅"信号牌和呼叫系统

以上这些乘客信号牌由驾驶舱手动或自动控制。如果机长选择自动控制，那么所有信号灯牌在起落架放下时会亮起。起飞后，起落架收起时，"禁止吸烟"信号牌熄灭。当襟翼完全缩回时，"系好安全带""返回座椅"信号牌熄灭。落地过程中，襟翼降低或起落架放下时，"系好安全带""返回座椅"信号牌亮起。起落架展开时，"禁止吸烟"信号牌亮起。每当信号牌亮起或熄灭时都会发出一声低音钟声。

思考题：

1. 波音737—800型飞机客舱灯光由哪几部分组成？
2. 波音737—800型飞机应急灯开关通常在什么位置？
3. 波音737—800型飞机手电筒的使用时间是多长？
4. 怎样使用波音737—800型飞机广播器？
5. 波音737—800型飞机不同颜色的呼叫灯亮分别代表什么意思？

第二节　机上卫生间

一、卫生间设施简介

波音 737-800 型飞机上一般有三个卫生间，前入口（L1）处一个，后入口（L2）处一个，后服务门（R2）处一个。每个卫生间内均有冲水式马桶、洗手池、镜子、冷热水管及其他卫生用品与设备，以及乘务员呼叫开关和乘客呼叫用的扩音器。另外还有"返回座椅"信号牌、烟雾报警器、垃圾箱灭火系统、带锁的门和一个位于头顶上方包括两个氧气面罩的顶柜。波音 737-800 型飞机卫生间布局如图 3-15 所示。

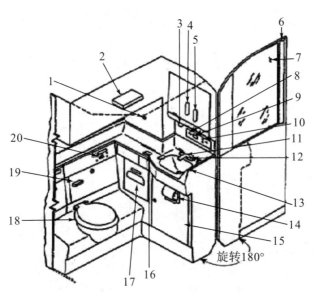

图 3-15　波音 737-800 卫生间布局示意图

1—通风孔　2—服务组件（扬声器、氧气面罩、排气孔、顶灯）

3—纸杯　　　　4—纸巾　　　　5—擦手纸　　　6—荧光灯

7—衣镜　　　　8—废刀片贮存器 9—信号指示牌　10—呼叫按钮

11—水龙头　　 12—垃圾箱　　　13—洗手池　　　14—卫生纸

15—自动灭火瓶　　16—烟灰缸　　　17—马桶垫纸　　　18—马桶

19 马桶盖靠垫　　　20—冲水按钮

打开卫生间门上"无人/有人"信号牌上面的盖子，向右或向左滑动门锁就可以从外面锁上或打开卫生间的门。

二、卫生间灯光

波音737—800型飞机卫生间灯光分为顶灯（白炽灯）和镜灯（荧光灯），平常顶灯总是处在开的位置，镜灯则由开关控制。但是当飞机在地面停留期间，使用外接电源时，镜灯则一直处在开的位置。

舱门开启区域装有开关，舱门关闭时可手动开灯。卫生间门关上或锁好都会使镜灯和"卫生间被占用"信号牌灯亮。

三、卫生间用水系统

波音737—800型飞机卫生间用水由位于客舱地板下面的水箱提供，饮用水系统供水给卫生间洗手池和马桶冲水系统。水箱内的存水量由后舱乘务员在后乘务员控制面板上检查/核实。通常水箱由位于客舱地板下的一个电动空气压缩机进行加压，当电动空气压缩机不能工作时，飞机的空气引气系统会自动提供备用加压。水箱修理时不能供水。

（一）卫生间加温器

卫生间内除了供应经过过滤的冷水外，还有一个加温器提供热水。加温器位于卫生间洗手池下方，水温一般在52℃～56℃。如果加温器发生故障，加温器内水温超过88℃时，加温器电源开关会自动断开。

（二）卫生间供水选择阀

每个卫生间有一个供水选择阀，位于洗手池下方的橱柜内，该阀有四个档位（如图3—16）。

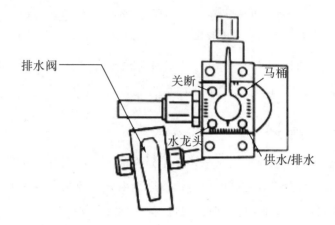

图 3-16　波音 737-800 卫生间供水选择阀

卫生间供水选择阀的四个档位分别是：

（1）关断位：停止向该卫生间供水。

（2）马桶位：向马桶供水而不是向水龙头供水。

（3）水龙头位：向水龙头供水而不是向马桶供水。

（4）供水/排水位：是正常工作位。当卫生间供水选择阀处于这一位置而供水系统没有加压时，除了前舱门处的卫生间可以正常供水外，所有卫生间会向水箱排水。

四、卫生间垃圾系统

卫生间内从水池排出的废水通过加热的排水管排出，马桶污水被冲进位于货舱区的污物箱内。飞行高度在 14000 英尺以下时，垃圾系统用真空收集废物并将废物放在箱内。飞行高度在 14000 英尺以上时，客舱和外界的压力差将马桶内的污物移至箱内。

按下马桶上的冲水钮，冲水循环系统使用来自饮用水系统的水冲洗马桶，持续大约 7 秒钟。一旦按下冲水钮，在下次冲水循环系统启动之前，为使系统重接，有 15 秒钟的自动延迟时间。这样，即使有人反复按冲水钮，也可防止连续冲水，节约用水。

卫生间内有两个感应器与污物箱的上部相连。不能冲水时，两个感应器必须都指示"污物箱已满"。如果有一个感应器坏了，显示箱内已满，那么每个污物箱排水线上还有一个感应器，它向后乘务员控制面板上的"垃圾系统"指示灯提供污物箱内废物量的数据。波音 737-800 型飞机卫生间垃圾系统如图 3-17 所示。

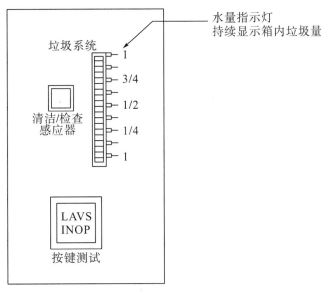

图 3-17 波音 737-800 卫生间垃圾系统

污物箱废物量状况可在后舱乘务员工作岗位的后乘务员控制面板上得到核实。如果污物箱已满，"卫生间不能使用"指示灯亮起，此时所有卫生间的马桶将不能使用。如果一个感应器坏了或堵塞，"清洁/检查感应器"指示灯会亮，说明需要对系统进行维修。"清洁/检查感应器"指示灯亮时，垃圾系统仍在工作。

五、卫生间灭火系统

（一）卫生间烟雾报警器

烟雾报警系统可以及早发现突发的火情，并自动发出警报。波音 737-800 型飞机在每个卫生间的天花板上都装有烟雾报警器，包括烟雾感应器和信号显示系统两部分（如图 3-18）。

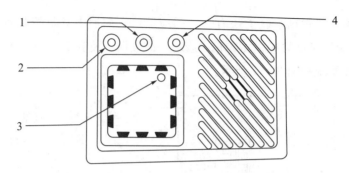

图 3-18　波音 737-800 卫生间烟雾报警器

1-中断开关　　　　　　2-能量指示灯（绿色）

3-报警指示灯（红色）　4-自检开关

烟雾感应器安装在卫生间的顶部，当卫生间内的烟雾达到一定浓度时，通过感应传给信号显示系统。信号显示系统位于烟雾感应器的侧面，当烟雾达到一定浓度时，信号显示系统的红色指示灯闪烁，并发出刺耳的尖叫声。需要关断信号显示系统时，按下感应器侧面的按钮，即可截断声音，关闭指示灯，再次感应烟雾情况。

（二）卫生间灭火装置

波音 737-800 型飞机在每个卫生间的洗手池下面都有一个自动灭火装置，里面有一个海伦灭火瓶和两个指向垃圾箱的喷嘴（如图 3-19）。当卫生间达到一定温度时，两个喷嘴自动向垃圾箱内喷射海伦灭火剂。

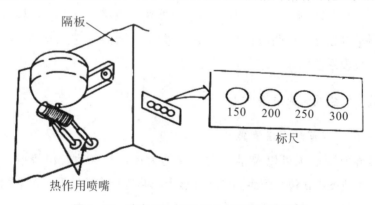

图 3-19　波音 737-800 卫生间自动灭火系统

波音 737-800 型飞机温度显示器位于每个洗手池下方的垃圾箱内，通常情况下温度显示器是白色的，两个喷嘴用密封剂封死；当环境温度达到77℃～79℃时，温度显示器由白色变为黑色，喷嘴的密封剂自动溶化，灭火瓶开始喷射，持续 3～15 秒。当灭火剂释放完毕后，喷嘴尖端的颜色为白色。

六、卫生间异常情况的处理

（一）卫生间洗手池的水龙头关不上

洗手池的水龙头不能关闭时，必须切断洗手池的供水系统。将位于洗手池下方壁橱内的"供水选择阀"旋至"马桶"或"关断"位置。

（二）马桶溢水

由于冲水阀门使用后不能复位，造成马桶流水不止时，应立即切断马桶供水，将供水选择阀置于"水龙头"或"关断"位。

（三）马桶冲水系统堵塞

较大物品冲入马桶，可能会引起马桶堵塞。通常会引起堵塞的物品有尿布、毛巾、杯子及大量卫生纸。马桶堵塞时应关闭卫生间，不能使用。

（四）马桶冲水阀不能重接

马桶内发出持续的抽空气的声音，是冲水阀黏着在"开"位造成的。出现这种情况时，应盖上马桶盖，拉出位于马桶底部的人工切断手柄。这样可以关闭冲水阀，抽气声停止。此时要在卫生间门上贴上标签，标明此卫生间不能使用。

（五）卫生间门锁故障

卫生间门锁如图 3—20 所示。如果卫生间的门锁坏了，可按以下步骤来打开卫生间：

（1）用硬币或其他工具取下把手上的螺丝，将螺丝收好。

（2）拉下门锁把手。

（3）将从门上取下的螺丝推入小孔中。

（4）从门上卸下嵌板（门锁边同配件一同卸下）即可将卫生间门打开。

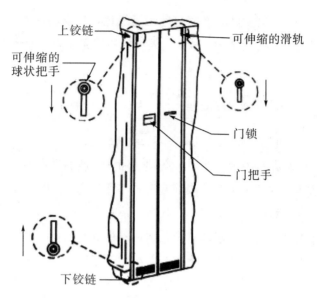

图 3-20　波音 737-800 卫生间门锁示意图

（六）拆卸卫生间两折门

如果由于乘客摔倒或供应品从储藏柜上掉落在地板上造成卫生间门从里面堵住，应按照下列步骤将卫生间门拆卸：

（1）打开门锁。

（2）如果必要，旋松铰链和伸缩滑轨上的螺丝，这样铰链上的球状把手不再与门框相连，旋松铰链上的螺丝时不要超过两圈。

（3）按箭头指示方向滑动铰链和滑轨上球状把手，缩回铰链和滑轨。

（4）如果门内无堵塞物，将门向内折叠并卸下。

（5）如果卫生间内有障碍物，门不能向内折叠，那么将门推入卫生间内，绕过障碍物。

思考题：

1. 波音 737-800 型飞机卫生间设备有哪些？

2. 波音 737-800 型飞机自动灭火装置的喷射时间是多久？

3. 波音 737-800 型飞机人工解除烟雾报警器的方法是什么？

4. 波音 737-800 型飞机马桶冲水阀的位置在哪里？

第三节　机上厨房

一、厨房设施简介

波音 737－800 型飞机的厨房位于前后服务间内。每个厨房内都有烤箱、烧水杯、煮水器、垃圾箱、储物/服务车、咖啡机、水池和储藏空间等。厨房配有电力和供水系统，厨房通风系统可保持空气新鲜。波音 737－800 型飞机前厨房右侧如图 3－21 所示，前厨房左侧如图 3－22 所示，后厨房如图 3－23 所示，餐车如图 3－24 所示。

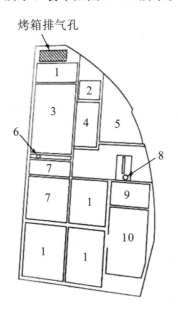

图 3－21　波音 737－800 前厨房右侧平面图

1—贮藏柜　　　　2—滤水器及开关　3—烤箱　　4—煮水器　5—配电板
6—可抽取式工作台　7—抽屉　　8—烧水杯　　9—垃圾投放口　　10—垃圾箱

烤箱排气孔

图 3—22　波音 737—800 前厨房左侧平面图

1—配电板　　2—滤水器及开关　　3—贮藏柜　　4—咖啡机

5—烤箱　　　6—垃圾投放口　　　7—垃圾箱　　8—餐车位

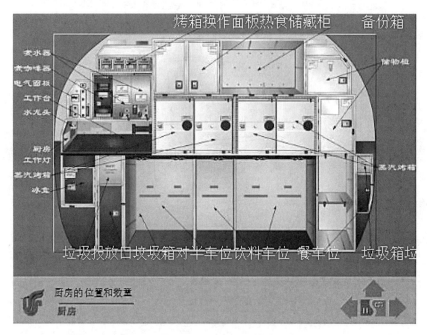

图 3—23　波音 737—800 后厨房平面图

图3-24 成都东星航空旅游专修学院教学飞机波音737-800餐车

在飞机滑行、起飞和落地时必须依次将服务车存放在各厨房的特定储藏区域。

二、厨房电力

波音737-800型飞机只有将驾驶舱的厨房电力开关置于"开"位置，厨房才有电力。飞行中，如果发生一个或几个发动机损坏的情况，厨房电力会自动切断。厨房的配电板由保险和开关组成，每个厨房有多少电器就有多少保险。此外，部分电器的开关也在配电板上。

前厨房灯有两种设定：高和低。前厨房灯开关装在前厨房灯上。后厨房由一区域灯（工作灯）提供照明，开关装在后乘务员控制面板上。

三、厨房用水系统

波音737-800型飞机厨房用水设备由供水管、排水管、水阀、水滤、水龙头和开关组成。厨房用水由位于客舱地板下的水箱提供，在每个厨房内均有一个供水切断阀门（如图3-25）。任何一个厨房设备管理的供水不能关闭时，如水池的水龙头、咖啡机、热水机等，此厨房的供水系统必须切断，将厨房供水切断阀门置于关闭位置。

图 3-25　波音 737-800 厨房供水切断阀门

四、厨房卫生系统

波音 737-800 型飞机厨房水池的废水通过加热的排水管排出。为防止水池排水堵塞，不要将固体废物丢入水池中（如咖啡渣、茶叶袋、果肉等），将固体废物倒入厨房垃圾箱内。牛奶和酒类混合物会凝结变稠，引起排水管堵塞，所以牛奶和酒类应分别倒入水池，用等量的水将其冲淡，再冲入排水系统中。

如果水池排水堵塞或排水缓慢，不要再往水池里倒液体，应将废弃液体倒入其他厨房的水池内。

五、厨房设备的使用方法

（一）烤箱的使用

波音 737-800 型飞机烤箱开关如图 3-26 所示。

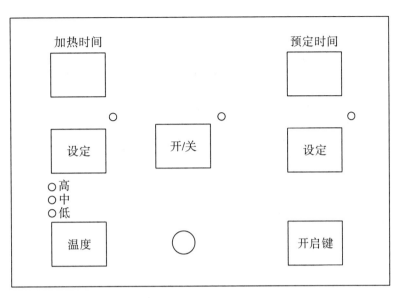

图3—26　波音737—800烤箱开关

1. 操作方法

（1）打开电源开关。

（2）按动设定，设定烤制时间。

（3）按动开关键，启动烤箱。

2. 提前预订时间操作方法

（1）打开电源开关。

（2）转动调节旋钮，设定加热时间（HT）。

（3）转动调节旋钮，设定预定时间（ST）（ST应大于HT）。

3. 使用注意事项

（1）烤制食品时，烤箱一定要关严、扣好。

（2）烤箱严禁空烧。

（3）在烤制食品前要拿出烤箱内的干冰。

（二）煮水器的使用

1. 操作方法

（1）检查水箱内是否有水。

（2）按下开关，此时工作灯和加温灯亮起。

（3）灯熄灭后，可以接水使用，所接水量不要过满。

2. 注意事项

（1）箱内无水不能空烧。

（2）控制每次接水的水量，以免水温太低而影响服务质量。

（三）烧水杯的使用

1. 操作方法

（1）接 4/5 杯的水。

（2）将烧水杯插好扣紧。

（3）定时固定，开启电源。

（4）水烧开后，定时回零，切断电源。

2. 注意事项

（1）烧水杯严禁空烧。

（2）水不要接满，以防烫伤。

（3）严格按操作程序进行。

思考题：

1. 叙述波音737-800型飞机烤箱的使用方法及注意事项。

2. 叙述波音737-800型飞机烧水杯的使用方法及注意事项。

3. 波音737-800型飞机煮水器使用之前要注意哪些事项？

第四节　客舱舱门

一、客舱舱门结构

波音737—800型飞机的客舱舱门如图3—27所示。

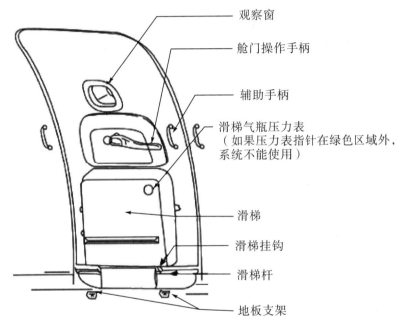

观察窗

舱门操作手柄

辅助手柄

滑梯气瓶压力表
（如果压力表指针在绿色区域外，
系统不能使用）

滑梯

滑梯挂钩

滑梯杆

地板支架

图3—27　波音737—800客舱舱门示意图

二、红色示警旗

波音737—800型飞机的红色示警旗安装在每个入口紧靠观察窗的位置（如图3—28）。

红色示警线

图 3-28　波音 737-800 红色示警旗

在示警位时，任何人都可从机外透过观察窗清晰地看到示警旗。这是一个非常明显的示警，表明滑梯杆已放在地板支架上。舱门开启时，滑梯会自动放出。

在非紧急状态时，滑梯杆在"预位"位置，从内部、外部开启舱门均会使滑梯自动充气，造成门外人员伤亡。

三、舱门的操作

（一）内部关门

（1）按下阵风锁。

（2）抓住辅助手柄，向自己的方向拉门时门体会向上升起，进入舱门。前门移入舱内的速度很快，力量很大。

（3）当舱门不能再向内拉时，抓住舱门操作手柄，继续旋转 180 度，直到舱门完全关闭，锁好。

（二）内部开门

（1）向箭头方向旋转舱门操作手柄 180 度，舱门旋入舱内。

（2）抓住门上的辅助手柄，确保阵风锁将门固定在"开"位。

（三）外部关门

（1）按下阵风锁，抓住舱门，开始旋转。

（2）门体升起，进入舱内。

（3）当舱门不能再向内拉时，抓住外部手柄，从手柄槽中将手柄拉出。

（4）旋转手柄，直至舱门关闭，锁好。

（四）外部开门

（1）检查红色示警旗是否挂起。

（2）如果不见示警旗，旋转舱门操作手柄，将手柄完全旋转到底，打开舱门，使舱门全部进入舱内。

（3）放开外部手柄，收好。

（4）拉出舱门后部边缘到全开位，与门锁啮合（如图 3－29）。

图 3－29　成都东星航空旅游专修学院教学飞机波音 737－800 舱门

四、自备梯及使用

波音 737－800 型飞机自备梯储藏在前入口处下方的储藏柜中。在没有机场地面设备的情况下，乘客可使用自备梯上、下飞机。自备梯由电力操作，可由机体内部、外部控制。

（一）自备梯的构成

自备梯由内部控制板、外部控制手柄、平台、上部阶梯、下部阶梯、固定手扶杆、伸缩手扶杆、自备梯、固定锁等部件组成（如图 3－30）。为了乘客的安全，自备梯展开后上部扶手应连接在前入口内侧的支架上。

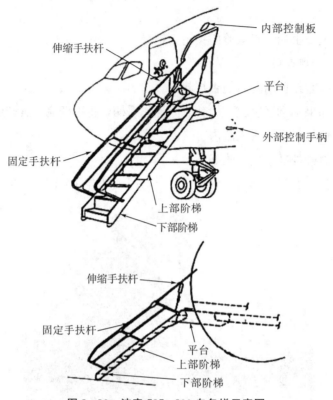

图 3-30　波音 737-800 **自备梯示意图**

　　自备梯的使用分为正常使用和备用两种，从内、外部均可操作（如图 3-31、3-32）。

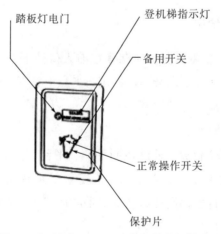

图 3-31　波音 737-800 **自备梯内部操作图**

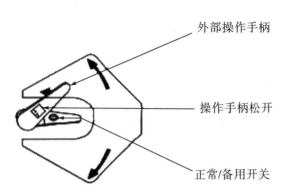

外部操作手柄

操作手柄松开

正常/备用开关

图 3—32　波音 737—800 自备梯外部操作图

（二）内部展开自备梯

（1）打开前舱门至锁定位置，这样可以清楚地看到机外的情况，防止人员受伤。

（2）将控制开关放在"展开"位，直到自备梯完全伸展开。

（3）放开控制开关。

（4）把伸缩手扶杆拉开与固定手扶杆啮合。

（三）内部收回自备梯

（1）松开扶手延展部分。

（2）将控制开关放在"收回"位，直到自备梯完全收回。

（3）放开控制开关。

（四）外部展开自备梯

（1）装有弹簧的电力开关放在"正常"位。

（2）将自备梯开关置于"展开"位。

（3）自备梯展开时，将电力开关置于"备用"位。

（五）外部收回自备梯

（1）松开扶手延展部分。

（2）装有弹簧的电力开关弹至"正常"位。

（3）将自备梯开关置于"收回"位。

（六）备用方式收回自备梯

（1）松开扶手延展部分。

（2）将电力开关置于"备用"位。

（3）将自备梯开关置于"收回"位。

（七）使用自备梯的注意事项

使用自备梯备用控制开关会越过所有安全电路，自备梯扶手延展部分必须收好，否则会造成严重损坏。当风速超过74公里/小时时，建议不要使用自备梯；自备梯展开时，不要移动飞机；地面不平坦或有障碍物也不要使用自备梯。

思考题：

1. 起飞前关闭舱门时为什么要操作滑梯预位？

2. 飞机正常降落后为什么要解除滑梯预位？

3. 自备梯在什么情况下不能使用？

第五节　客舱应急设备的使用

一、逃生出口及使用

（一）紧急出口及使用

波音 737-800 型飞机有四个紧急出口，由机械锁固定。紧急出口可由位于出口顶部的红色弹力手柄从内部或外部开启（如图 3-33、3-34）。

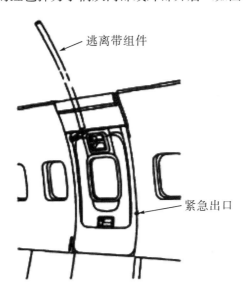

逃离带组件

紧急出口

图 3-33　波音 737-800 紧急出口

图 3-34　成都东星航空旅游专修学院教学飞机波音 737-800 紧急出口

1. 外部紧急出口面板

开门时，推面板，紧急出口会向外、向上自动打开。

2. 内部手柄

开门时，向内拉下手柄，门会向外、向上自动打开。

3. 关闭绳

显示面板的开关状态。

（二）滑梯及使用

1. 滑梯

波音 737-800 型飞机的滑梯如图 3-35 所示。

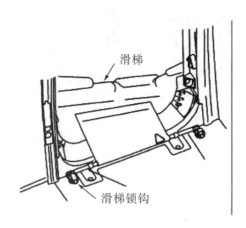

图 3-35　波音 737-800 滑梯示意图

　　滑梯装在每个入口处，飞行过程中滑梯杆应该一直放在支架上，直到飞机完全停稳时才能取下。

　　滑梯充气约需 5 秒钟的时间。如果滑梯不能自动充气，可拉动人工充气手柄为滑梯充气。滑梯充气状态如图 3－36 所示。

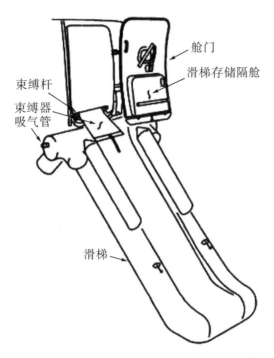

图 3－36　波音 737－800 滑梯充气状态

2.　滑梯及使用

（1）陆地脱离时滑梯的操作。

　　先观察撤离路线的情况，再观察客舱内部、飞机外部情况，确认可使用再打开（如图 3－37）。具体要观察以下几项：

　　确保飞机已停稳，发动机熄火；

　　确定滑梯杆固定在地板支架上；

　　将舱门操作手柄转到开位；

　　推开舱门，滑梯脱落、展开并充气；

　　如果滑梯没有充气，拉动人工充气手柄为滑梯充气；

　　确认滑梯充气状况，如果漏气或充气失效，可做软梯使用。

（2）水上脱离时滑梯的操作。

除与陆地脱离时的操作方法相同外，水上脱离时，滑梯充气后，应拉动"快速释放手柄"，使滑梯与机体分离，并将滑梯翻过来推入水中作为浮艇使用。

图 3-37　波音 737-800 滑梯

二、机上应急设备及使用

（一）机上应急设备的分类

（1）水上迫降救生设备。

（2）应急撤离/逃生设备。

（3）应急灯光及标志系统。

（4）应急灭火设施。

（5）呼吸和眼睛保护设备。

（6）应急氧气设备。

（7）其他应急设备。

（二）机上应急设备的数量和分布

机上应急设备的数量和分布如表 3-4 和图 3-38 所示。

表 3—4　波音 737 机上应急设备的数量和分布

设备	数量	
	波音 737—700	波音 737—800
手提氧气瓶	5（4）	4
手提灭火瓶	5	4
滑梯（救生阀）	4	4
发报机	1	1
救生斧	1	1
救生绳	4	4
手电筒	5（4）	6
药箱	2	2
麦克风	2	2
紧急窗	4	6
防烟眼镜	3	3
石棉手套	1	1
防烟面罩	4	6
生化隔离包	1	1

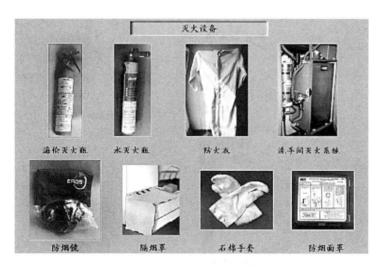

图 3—38　波音 737—800 机上应急设备

（三）机上应急设备的使用

1. 手提式氧气瓶及使用（如图 3-39、3-40）

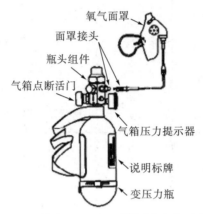

图 3-39　波音 737-800 **手提式氧气瓶示意图**

手提式氧气瓶容量：当氧气瓶充满氧气后，其容量为 311 立升。

供氧方式：由两个氧气出口向氧气面罩内输送氧气。

高流量出口（HI）每分钟流出 4 立升，可使用 77 分钟；低流量出口（LO）每分钟流出 2 立升，可使用 155 分钟。

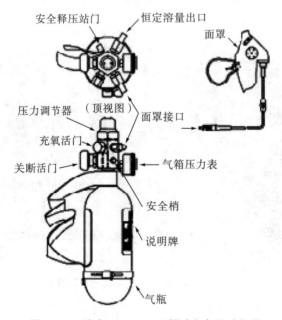

图 3-40　波音 737-800 **手提式氧气瓶分解图**

使用方法：

取出手提氧气瓶，打开其中一个防尘帽（根据需要），插上氧气面罩，逆时针打开开关，检查氧气袋是否充满，戴上氧气面罩（如图3—41）。

注意事项：

（1）不要摔撞氧气瓶。

（2）避免氧气与油或脂肪接触，使用时应擦掉重的口红或润肤油。

（3）用氧周围4米之内不能吸烟，不能有火源。

（4）当压力指针指示为500磅/英寸时，应停止使用，以便再次充氧。

（5）肺气肿患者使用低流量。

（6）氧气开始流动时，氧气指示标志由白色变成绿色（导氧管中）。

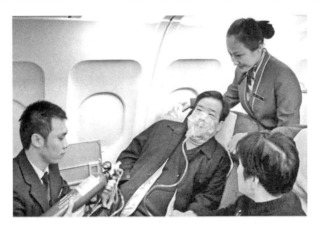

图3—41　南方航空为旅客使用机上氧气瓶

2. 灭火设备及使用

（1）海伦灭火瓶（如图3—42）。

海伦灭火瓶最适合于由电器、燃油和润滑油脂引起的火灾，使用时间为10秒钟。

使用方法：

垂直握住瓶体；快速拔下带环的安全销；将灭火瓶置于距火源两米处，喷嘴对准火源底部边缘；压下顶部由外向里做圆圈状喷射。

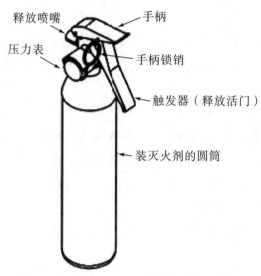

图 3－42　波音 737－800 **海伦灭火瓶示意图**

注意事项：

海伦灭火瓶喷出的汽化物是一种惰性气体，它可以隔绝空气将火扑灭，表层的火能很快被扑灭，但里层仍有余火，所以应随后将火区用水浸透；

瓶体不要横握或倒握；

不可用于扑灭人身上的火情，以免造成窒息。

（2）手提式水灭火瓶（如图 3－43）。

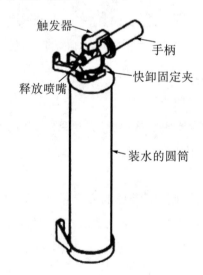

图 3－43　波音 737－800 **手提式水灭火瓶示意图**

手提式水灭火瓶适用于纸、木、织物等一般性火情的处理，使用时间为 40 秒钟。

使用方法：

垂直握住瓶体，向右转动手柄，喷嘴离火源两至三米，右手拇指按下触发器对准火源底部边缘喷射。

注意事项：

对可燃性液体及电气失火时不能使用手提式水灭火瓶；

瓶体不要横握或倒握，瓶内装有防腐剂，不能饮用。

图 3—44　波音 737—800 麦克风、海伦灭火瓶、手提式水灭火瓶保存状态

（3）防烟面罩（如图 3—45、3—46）。

图 3-45　波音 737-800 **防烟面罩示意图**

防烟面罩在客舱封闭区域失火和有浓烟时使用，它可以保护灭火者的眼睛和呼吸道不受火和烟的侵害。

使用方法：

打开包装盒，取出面罩并展开；

撑开密封胶圈（大小与头相同），戴上防烟面罩，整理面罩位置；

系好固定搭扣，拉动触发绳，吸氧；

当氧气的嘶嘶声停止时，应立即卸掉防烟面罩。

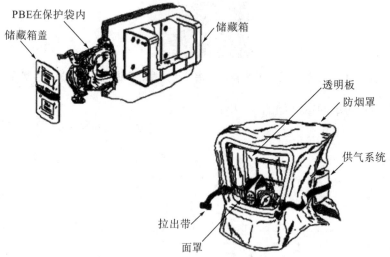

图 3-46　波音 737-800 **防烟面罩分解图**

注意事项：

必须在非烟区穿好；

头发必须全部放进去，衣领要离开密封胶圈；

如感觉呼吸困难，可能是氧气用完或穿戴不当；

当面罩开始内吸时，表示使用时间已到，应迅速到安全区摘下面罩；

如果戴着眼镜使用，戴好后要在面罩外面整理眼镜位置。

图 3—47　波音 737—800 防烟面罩示范

（4）石棉手套。

驾驶舱失火时，驾驶员要用石棉手套来操作飞机，它具有防火隔热作用。

（5）防烟眼镜。

用于驾驶舱内的机组成员，在烟雾充满驾驶舱时保护眼睛不受伤害，以保证飞行继续。

使用防烟眼镜时要保证眼镜的密封边紧贴在脸部，用橡胶带套在脑后和氧气面罩一起扣在脸上。

（6）防火衣。

灭火时要使用防火衣。在进入火场前应先穿好防火衣，并将其完全扣好后再进入。它可保护灭火者的四肢和躯干不受火的侵害。

3. 救生衣及使用

救生衣用于海上脱离时。乘务员的救生衣是红色的，旅客的救生衣是黄色的。救生衣存放在各自的位置上，又分为成人救生衣和儿童救生衣两种（如图 3-48）。

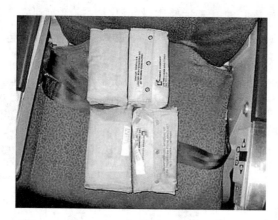

图 3-48　外包装完好的波音 737-800 救生衣

（1）成人救生衣。

使用方法：

取出救生衣，经头部穿好；

将带子从后向前扣好系紧；

使用时，拉开两个充气阀门便可充气膨胀（客舱内不能充气）；

充气不足时，可将救生衣上部的人工充气管拉出，用嘴向里充气。

图 3-49　波音 737-800 救生衣示范

注意事项：

用手按住人工充气管的顶部时，气会从内放出；

除非救生船已坏，否则不要尝试穿救生衣游泳；

不能自理及上肢残疾的旅客，穿好后要立即充气；

其他旅客的救生衣在离开飞机上船前充气。

（2）未成年人救生衣。

使用方法：

取出救生衣；

把带子放在两腿之间；

将救生衣经头部穿好；

将带子扣好系紧；

打开红色充气阀门；充气不足时，拉出人工充气管充气。

注意事项：

未成年人救生衣是单片时，不要穿反；

未成年人穿好后立即充气；

起飞前应检查未成年人救生衣是否存放在规定的位置。

（3）婴儿救生衣（如图 3—50）。

婴儿救生衣通常与成人救生衣放在一起，位于有婴儿摇篮插孔的座椅下。使用时取出，经头部穿好并将胳膊固定在救生衣上，将绳子的另一端固定在成人的救生衣上。

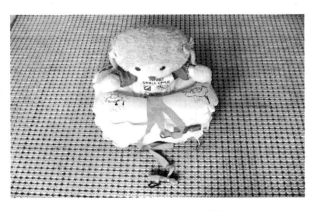

图 3—50　波音 737—800 婴儿救生衣

4. 救生船及使用

救生船供水上逃生时使用，充气时间为 30 秒。波音 737—800 型飞机上装载四条救生船（如图 3—51），分布在行李架内。每条救生船额定载客 46 名，最大承载 69 人。

图 3—51　水上训练基地的救生船

（1）救生船使用方法：

从行李架中取出救生船，搬到机上出口处；

救生船的一头有一小块红布，揭开红布，拉出白色的绳子。此时不能全部拉出绳子，否则救生船意外充气会堵塞出口，损坏设备并伤到人；

将绳子的一头系在机上出口处的牢固位置上，系成活结以便随时解开；

将救生船投到水中；

将绳子从救生船中拉出，直到看到绳子上绑的布条；

用力拉绳子，使救生船充气；

旅客上船完毕后，解开连接绳或用小刀割断连接绳，使救生船脱离飞机；

使救生船远离飞机，以防飞机沉没时救生船被吸入海水中或被损坏；

找到发报机，将其上的绳子解下，在救生船上系牢，再将发报机抛入水中。

（2）救生船上几种设备的使用。

①信号筒。

信号筒是向外界发出紧急信号的设备，使用时间为 20～30 秒。它有两种方式：

供白天使用：橘黄色一端端头平滑，发出橘黄色烟雾，4～6 公里可见。

供夜间使用：红色一端端头高低不平，发出红色的光，15～18 公里可见。

使用方法：

打开外盖，拉起 D 型环打开密封盖，开始发烟或冒火。

注意事项：

操作时最好戴上手套；

放在船外使用；

拉 D 型环时要用力且快速；

放在风的下侧，水平方向向上成 45 度角；

一头用完后，用水沾灭保存，另一端可继续使用。

②安全灯棒。

使用时从中间折弯（注意不要折断），用力摇晃，系在船外侧的绳上，使用时间为 12 小时。

③反光镜。

反光镜是一个金属的方盘，中间有个视孔，用于反射日光和月光，向外界发出求救信号，反射距离在 14 公里以上。

使用方法：

眼睛对准视孔，寻找亮点，然后调整镜子，让亮点对准物体，使亮点和物体重叠在视孔的中心。

注意事项：

不要用镜子对着靠近的飞机；

将镜子挂在脖子上以防掉落。

④海水着色剂。

海水着色剂可使船周围的海水变色，从而向外界发出求救信号。海水着色剂在白天使用，使用时间为两至三小时，如遇大浪可使用 15 分钟。

使用方法：

打开包装，将染料洒在船的周围，染料在水中发出绿色的荧光；

海面平静时要拨动海水，以增大流速使染料散开；

绿色的荧光染料可在水中保持 2~3 小时（注意每次只使用一个染色袋）。

⑤修补夹钳。

使用方法：

松开螺丝帽，分离夹子；

将手穿入线绳上的布环内；

将密封盖插入船的破洞；

将另一个铁盖盖在密封盖上；

将螺丝帽拧紧。

⑥海水手电筒。

使用方法：

打开封盖，灌入海水或盐水，然后盖上封盖，即可发光。当光减弱时，可再次加入海水或盐水，继续使用。

⑦碘酒

使用方法：

拔下纸套，挤捏瓶体，涂抹伤口。

5．应急发报机及使用

在飞机遇险后，向外界发出救生信号时可使用应急发报机。应急发报机是自浮式双频率电台，电台发射频率民用为 121.5MHz，军用为 243MHz。这些频率是国际民航组织通用的遇难时发出求救信号的频率。

紧急情况发生后，将应急发报机扔入海水或水里，它便自动开始工作，使用时间为 48 小时。

（1）在水中的使用方法：

取下应急发报机的套子；

将尼龙绳的末端系在救生船上，然后将应急发报机扔入水中，并使应急发报机与船保持一定的距离；

天线自动竖起后，应急发报机开始工作。

（2）在陆地上的使用方法：

取下应急发报机的套子；

解开尼龙绳，割断水溶带，拨直天线；

套子内装入一半的水（或咖啡、果汁、尿等电解质液体）；

把应急发报机放入套内，应急发报机开始工作。

注意事项：

在海水中，5 秒钟后应急发报机即可发报，而在淡水中要 5 分钟后才发报；

套子内只能放水、咖啡、果汁或尿液，不能放油；

陆地使用时，周围不能有障碍物，应急发报机不能倒放或者躺放；

每次只使用一个；

存放在舱内的应急发报机如果没有塑料套子，另取一个塑料袋，把应急发报机放入袋内；

关闭时，将应急发报机从水中取出，天线折回，躺倒放在地上。

6. 麦克风及使用

麦克风是应急情况下指挥旅客的广播系统，它可以在舱内和舱外使用。

使用方法：

按下讲话开关；

将麦克风靠近嘴部讲话；

根据声音调节音量。

注意事项：

不要用喊话筒对着机身讲话（出现回音）；

避免音量过大（出现回音）。

7. 救生斧及使用

在紧急情况下清理障碍物及灭火时要使用救生斧，救生斧手柄包着橡胶绝缘材料，以防止与电线接触时遭电击。刀口有一个护套，以避免不使用时伤人。

8. 安全表演用具包及使用

包内物品有旅客救生衣、氧气面罩、安全带、安全须知。飞行前乘务员应检查安全表演用具包是否在指定位置，且确保包内物品齐全。

9. 生化隔离包及使用

在飞行过程中发现可疑物品并得到确认后（如发现不明粉末状或不明罐装泄露物等），机上安全员或乘务员应按照紧急处置程序报告机长，并使用生化隔离包处置可疑物品，尽可能将包中的空气排出后拉紧拉链，使之与旅客隔开，待飞机就近降落或飞行结束后移交地面有关机构处置，并将客舱内情况上报公司保卫部门。

三、机上应急设备检查标准

（一）氧气瓶的检查

氧气瓶必须存放在一个规定的可快速释放的固定架里，压力表内的指针必须在适航区域内。氧气输出口处必须有防尘帽堵塞，氧气瓶开关阀门的铅封必须完好。在氧气瓶的附近必须有一个与其匹配的氧气面罩，面罩应储存在一个密封的塑料袋中。

（二）呼吸保护装置的检查

呼吸保护装置必须存放在一个固定盒中，呼吸保护装置的真空包装袋必须完好无损，并在有效期内。

（三）防烟面罩的检查

按规定检查氧气瓶的状态，供防烟面罩导管使用的氧气输出孔的防尘帽必须堵塞在位，在氧气瓶附近还必须有一副带氧气导管的防烟面罩。

（四）灭火瓶的检查

1. 海伦灭火瓶

海伦灭火瓶有不同的构造，其检查方法也不同。

A类检查法：灭火瓶必须存放在一个规定的可快速释放的固定架里，压力表内的指针必须在绿色区域内，操作把手上必须有一带环的保险销固定且铅封完好。

B类检查法：灭火瓶必须存放在一个规定的可快速释放的固定架里，操作把手上的黑色锁扣必须在锁定位，把手侧面的红色圆形 FULL 的显示牌必须在位。

2. 手提式水灭火瓶

手提式水灭火瓶必须存放在一个规定的可快速释放的固定架里，连接操作把手与按压器上的铅封必须完好。

（五）救生衣的检查

（1）乘务员的救生衣必须是橘红色的，存放在每位乘务员座位下方的储藏箱内，救生衣必须外包装完好，折叠整齐，清洁无污。

（2）旅客救生衣必须是黄色的且外包装完好，存放在每位旅客的座位下方。

（3）备份儿童/成人救生衣必须是黄色的且外包装完好，必须存放在规定的位置。

（六）人工开氧工具的检查

人工开氧工具必须存放在规定的应急设备储存处的小口袋或小盒内。

（七）安全斧的检查

安全斧必须存放在规定的储存处。

（八）麦克风的检查

麦克风必须存放在一个规定的可快速释放的固定架上，还要检查其音响效果。

（九）座椅和安全带检查

1. 乘务员座椅和安全带的检查

乘务员座椅应具备自动折叠功能，不用时必须处于自动收起状态，安全带必须收缩自如，两头搭扣必须匹配。

2. 旅客座椅和安全带的检查

旅客座椅具有可前后调节功能，在地面时必须处于固定垂直状态，安全带的两头搭扣必须匹配。

3. 加长安全带的检查

加长安全带必须存放在规定的位置内，其搭扣必须与该机型的旅客座椅上的安全带搭扣相匹配。

（十）机载信标机的检查

机载信标机必须存放在一个规定的可快速释放的固定架里，其天线必须固定在天线夹内，塑料袋必须裹在信标机机体上，并被信标机的拖线缠住。

（十一）手电筒的检查

手电筒必须存放在一个规定的开口支架里，通过手电筒上的开关检查其光照效果，其玻璃罩面必须清洁无污。

（十二）滑梯系统的检查

1. 滑梯压力的检查

滑梯包上压力表内的指针必须在绿色区域内。

2. 滑梯待命系统的检查

当飞机处于可开门状态时，滑梯的待命系统必须处于非待命位，其锁定装置必须在锁定位。

3. 滑梯待命测试系统的检查

按压滑梯待命系统处的脖颈测试按钮，蜂鸣器响，红色灯光亮为正常。

（十三）气动开门压力表的检查

气动开门压力表上的指针必须处于绿色区域内。

（十四）应急灯光的检查

打开乘务员控制面板上的应急灯光按键，机门口和应急窗口的出口标志灯及出口指示灯必须亮起，机门口和应急窗口地板灯、客舱天花板应急灯、地板上或椅腿上的撤离路径灯必须亮起，靠近出口的地板上或座椅腿上的撤离路径灯必须亮起。

（十五）紧急撤离指令的检查

打开（主任）乘务长控制面板上的紧急撤离指令键，在客舱或出口区域处的蜂鸣器必须有连续"哔——"声传出。

（十六）洗手间自动灭火装置的检查

（1）检查洗手间内废物箱上方自动灭火装置的压力表，指针必须在绿色区域内，热溶帽必须呈白色（或黑色）。

（2）废物投入处的金属盖板必须能自动闭合。

（3）温度指示标牌的所有圆点均为白色，如任一点呈黑色都要及时改换。

（十七）机上急救药箱的检查

急救药箱的锁必须在旅客登机前被打开，药箱上的固定搭扣必须松开，药箱上的铅封必须完好。如铅封已断开，乘务员应检查药箱内的药品、器械有无缺损，并填写《药箱使用反馈信息卡》。航班结束后方可锁上药箱，扣好药箱的固定搭扣，将《药箱使用反馈信息卡》交有关部门。

（十八）《旅客安全须知》的检查

所有《旅客安全须知》必须与该机型匹配，出口座位的《旅客安全须知》必须配备齐全。

（十九）应急设备的其他要求

机上应急设备除设备状态必须满足要求外，其配备数量必须满足每架飞机的配备规定。

（二十）应急设备检查单

乘务员航前准备时按《机型检查单》中的有关内容检查客舱紧急设备，发现问题应立即通知机务部门，并在《客舱记录本》上记录。

任务训练：

1. 请同学们根据波音737-800客舱的设备设施，设计一份客舱设备安全检查表。

2. 请同学们直接进入客舱或模拟舱了解客舱布局及设备设施。

3. 用英汉两种语言向你的同学介绍波音737-800客舱的设备及操作方法。

第四章 空中客车320型飞机客舱设备

第一节 乘客服务组件及乘务员控制面板

一、乘客服务组件

空中客车320型飞机乘客服务组件如图4-1所示，包括：

（1）信号牌PIU（Passenger Information Unit）："请勿吸烟""系好安全带"信号牌开关在驾驶舱，每次开或关时均有低音声。

（2）阅读灯。

（3）阅读灯开关。

（4）通风孔。

（5）氧气面罩。

（6）呼叫指示灯及座椅排号：当飞机在地面时，任何一个舱门打开，所有呼叫指示灯亮；当所有舱门关闭后，呼叫指示灯全部熄灭。

（7）呼叫按钮。

（8）扬声器。

（9）液晶电视显示屏。

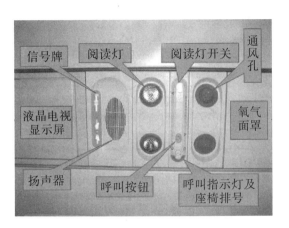

图 4-1　空中客车 320 型飞机乘客服务组件

二、乘务员控制面板

空中客车 320 型飞机上的乘务员控制面板共有两块，它可为乘客提供多种服务。其所在位置如图 4-2 所示。

图 4-2　空中客车 320 型飞机控制面板位置示意图

（一）前乘务员控制面板（FAP-Forward Attendant Panel）

前乘务员控制面板位于 L1 门乘务员座席上方壁板处（如图 4-3）。该面板由音频系统、灯光系统、客舱门及滑梯预位显示系统、客舱温度控制系统、清水/污水显示系统五个部分组成（如图 4-4）（由于音频系统、灯光系统、清水/污水显示系统在后文有详细介绍，故在此处不予介绍）。

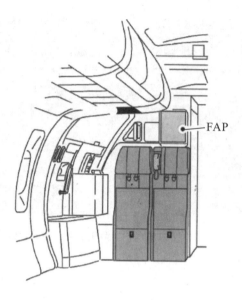

图 4-3　空中客车 320 型飞机前乘务员控制面板位置示意图

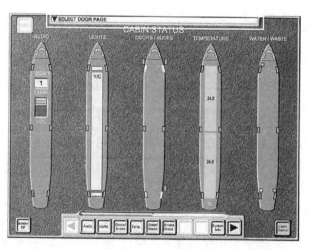

图 4-4　空中客车 320 型飞机前乘务员控制面板

1. 客舱门及滑梯预位显示系统

如图 4－5 所示，空中客车 320 型飞机客舱门及滑梯预位显示系统有三种颜色：红色表示客舱门处于打开或未关好状态；黄色表示客舱门已正确关闭，滑梯在解除预位状态；绿色表示客舱门已正确关闭，滑梯在预位状态。

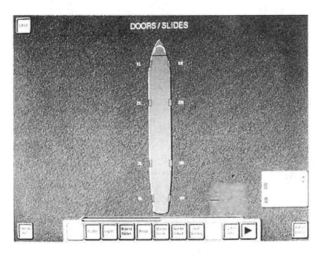

图 4－5　空中客车 320 型飞机客舱门及滑梯预位显示系统

2. 客舱温度控制系统

如图 4－6 所示，空中客车 320 型飞机客舱温度控制系统是区域选择键；FWD 是前部区域（客舱前半部分）选择键；AFT 是后部区域（客舱后半部分）选择键；"21.5""23.0"为客舱实际温度，单位为摄氏度；RESET 表示恢复至驾驶舱设定的温度（全区域）。

客舱温度控制系统操作如下（以前部区域为例）：

（1）点击"FWD"，按键变为绿色，左侧显示调节页面。

（2）点击"＋"或"－"升高或降低温度，每点击一次温度升高或降低 0.5℃。

（3）温度计右侧绿色箭头指示目标温度。

（4）温度计右侧浅色区域为温度调节范围：±2.5℃。

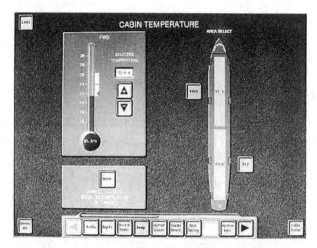

图 4-6　空中客车 320 型飞机客舱温度控制系统

3. FAP 屏幕关闭（Screen Off）（如图 4-7）

图 4-7　空中客车 320 型飞机屏幕关闭按钮

点击左下角"Screen Off"，触摸屏关闭，以起到保护屏幕作用。
需要操作某一功能时，点击屏幕下方任意键即可。

4. 屏幕下方功能键（如图 4-8、4-9）

图 4-8　空中客车 320 型飞机屏幕下方功能键（一）

图 4-9　空中客车 320 型飞机屏幕下方功能键（二）

（1）绿色滚动条：显示页面位置，主页面有两页，在左侧说明在第一页。

（2）黑三角图标：向左/右翻页，灰色键为空白键，带有文字为可使用键。

（3）Audio：进入音频系统。

（4）Lights：进入灯光系统。

（5）Doors Slides：进入客舱门及滑梯预位显示系统。

（6）Temp：进入客舱温度控制系统。

（7）Water/Waste：进入清水/污水显示系统。

（8）System Info：进入系统信息页面。

（9）FAP 调节系统：由机务人员使用。

（10）Cabin Status：客舱状况。

注意事项：

完成某一系统操作后即可返回主菜单，需进入另一系统时可先回到客舱状况页面，再进入其他系统；也可选择点击系统及功能键，直接进入其他系统。

（二）后乘务员控制面板（AAP－Afterward Attendant Panel）

后乘务员控制面板位于 L2 门壁板处，由灯光系统和辅助指示面板（来电显示）组成（如图 4－10、4－11）。

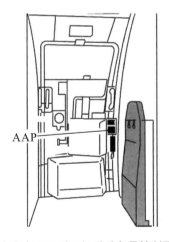

图 4－10　空中客车 320 型飞机后乘务员控制面板位置示意图

图 4-11 空中客车 320 型飞机后乘务员控制面板

三、乘务员控制面板灯光系统操作

（一）前乘务员控制面板灯光系统操作（如图 4-12）

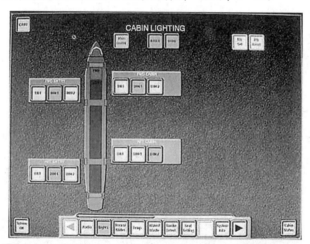

图 4-12 空中客车 320 型飞机前乘务员控制面板灯光系统

（1）MAIN ON/OFF（总开关）：可同时打开或关闭通道灯、窗灯、入口灯及厕所灯，打开时按键显示为绿色，关闭时为灰色。

（2）AISLE：客舱通道灯（客舱顶灯）开关，可打开或关闭客舱通道灯。

（3）WDO：客舱窗灯开关，可打开或关闭客舱窗灯。

（4）R/L SET：阅读灯打开按键，可将阅读灯全部打开，方便机务人员或乘务员检查。

（5）R/L RESET：阅读灯关闭按键，可将阅读灯全部关闭。

（6）FWD：前入口灯开关，控制 Ll 及 R1 门之间顶灯（入口灯），分为 BRT（100％亮度）、DIM 1（50％亮度）、DIM 2（10％亮度）。

（7）Y/C：客舱通道灯及窗灯开关。

（8）AFT：后入口灯开关。

以上所有灯光按键为暗黄色，打开后呈绿色，点击任一绿色按键，将灯光亮度调至"0"，即关闭。正常情况下，灯光亮度应逐级调整。

（二）后乘务员控制面板灯光系统操作（如图 4—13）

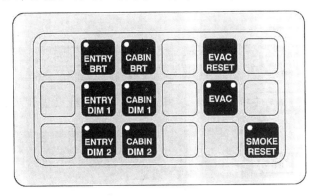

图 4—13　空中客车 320 型飞机后乘务员控制面板灯光系统

（1）ENTRY：后入口灯，分为 BRT（100％亮度）、DIM 1（50％亮度）、DIM 2（10％亮度）三档。点击当前绿色按键，即可将入口灯关闭。

（2）CABIN：经济舱客舱灯，分为 BRT（70％亮度）、DIM 1（50％亮度）、DIM 2（10％亮度）。点击当前绿色亮度等级按键，即可将打开的客舱灯关闭。

（3）EVAC RESET：紧急情况自动报警解除键。

（4）EVAC：紧急情况自动报警键。

（5）SMOKE RESET：烟雾报警解除键。

思考题：

1. "禁止吸烟"信号灯为什么全程都亮着？

2. 为乘客提供餐饮服务时客舱灯光应调至什么状态？

第二节 通信及娱乐系统

一、客舱通信系统

空中客车 320 型飞机驾驶舱内及乘务员座席处各有一个内话机（广播器）（如图 4-14、4-15）。

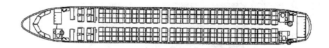

图 4-14 空中客车 320 型飞机内话机（广播器）位置示意图

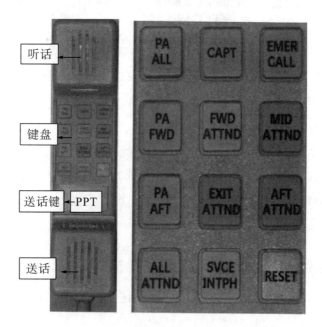

图 4-15 空中客车 320 型飞机内话广播系统

（一）呼叫驾驶舱（以 L1 门为例）

（1）取下内话机，AIP 显示"#"。

（2）按"CAPT"，AIP 显示"CALL CAPT"。

（3）等待应答。

（4）通话完毕后，将内话机挂回。

（二）乘务员间内话：呼叫（以 L1 呼叫 L2 或 R2 为例）

（1）取下内话机，AIP 显示"♯"。

（2）按"MID ATTND"，AIP 显示"CALL DOOR2 ATTND"，等待应答。

（3）L2 及 R2 门处响起高低双谐音一次，ACP 粉色灯亮，AIP 绿色灯亮，显示"CALL DOORl ATTND"。

（4）取下 L2 或 R2 门内话机即可接听。

（5）通话完毕，将内话机挂回。

（三）乘务长呼叫全体内话

（1）取下内话机，AIP 显示"♯"。

（2）按"ALL ATTND"，AIP 显示"CALL ALL"，等待应答。

（3）其他所有内话机处均会响起高低双谐音一次，ACP 粉色灯亮，AIP 绿色灯亮，显示"CALL ALL"。

（4）取下内话机即可接听。

（5）通话完毕，将内话机挂回。

注意事项：

不要按送话键，否则声音会进入客舱。

通话完毕，先按重置键后再将内话机复位。

上机后应检查内话机工作状况。

（四）客舱广播操作

（1）按 PA ALL 键，再按住送话键，对全客舱广播。

（2）按 EMER CALL 键，再按住送话键，进行紧急呼叫（见应急课程）。

（3）按 PA FWD 键，再按住送话键，对前舱广播。

（4）按 FWD ATTND 键，再按住送话键，呼叫 1 号门内话机。

（5）按 MID ATTND 键，再按住送话键，呼叫 2 号门内话机。

（6）按 PA AFT 键，再按住送话键，对后舱广播。

（7）按 SVCE INTPH 键，再按住送话键，呼叫地面机务。

（8）按 RESET 键，重置内话机，并将内话机复位。

注意事项：

上机后需检查广播系统工作状况。

广播时不可吹或拍打麦克风。

广播完毕后可先按重置键，挂机复位，以免有噪音进入客舱。

除特殊情况外，不要使用机组全体呼叫，否则会影响驾驶舱工作。

二、客舱娱乐系统

（一）音频系统操作（前乘务员控制面板）

如图 4-16 所示，空中客车 320 型飞机前乘务员控制面板上有音频系统（图中左边第一个控制系统）。

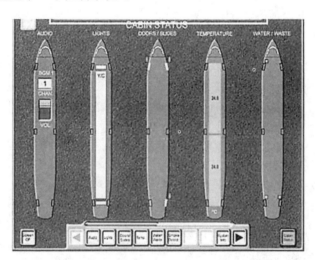

图 4-16　空中客车 320 型飞机音频系统（左一）

1. 播放登机音乐（BOARDING MUSIC）：BGM 1（Back Ground Music 背景音乐）

（1）认识播放登机音乐操作按钮。

如图 4-17 所示，CHAN 表示频道，条形显示 VOL 表示音量。中间方块面板（BGM 1）上，ON/OFF 是登机音乐开关；VOL 可以调节音量，"＋"表示增大，"－"表示减小；CHAN 用于选择频道，"＋"表示上调，"－"表示下调。

（2）播放登机音乐。

点击"ON/OFF"，开关键变为绿色。

显示频道及音量指示灯亮（左侧飞机图形状为音频和音量显示表）。

根据需要调节频道及音量。

播放完毕后，点击"ON/OFF"。

（3）注意事项。

在乘客登机及下机时播放登机音乐。

频道及音量要预先调试好。

调节音量应由小到大。

音乐以轻松欢快的旋律为佳。

音量调节应适中，以不影响两人谈话为宜。

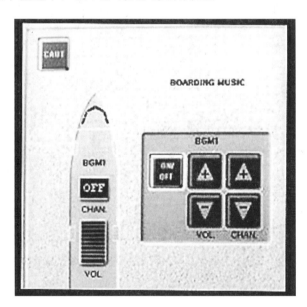

图 4-17　空中客车 320 型飞机登机音乐操作屏

2. 预录广播（PRERECORDED ANNOUNCEMENT）

（1）认识预录广播操作按钮。

如图 4-18 所示，ON ANNOUNCE 显示正在广播，下方显示编号；MEMO 表示记忆项目编号，下方显示编号：

"▲"：向上翻页。

CLEAR MEMO：清除记忆编号，只清除所选择的项目编号。

CLEAR ALL：清除全部记忆项目编号。

"▼"：向下翻页。

STOP：停止播放。

PLAY NEXT：播放下一个记忆项目。

PLAY ALL：播放所有记忆项目。

SELECT：选择区（右侧显示屏）。

1~0：数字键。

CLEAR：清除键。

ENTER：将项目编码输入记忆项目。

图 4-18　空中客车 320 型飞机预录广播操作显示屏

（2）播放预录广播。

在右侧点击正确的项目编号。

点击"ENTER"，输入至左侧记忆项目（可输入多个项目编号）。

点击"PLAY ALL"全部播放，或点击"PLAY NEXT"逐一播放。

播放完毕后，清除所有记忆项目编号。

（3）注意事项。

预录广播目前仅用于紧急情况。

广播项目编号由各航空公司自行制定并录入。

（二）娱乐系统操作

空中客车 320 型飞机娱乐操作系统也有触摸式的，其具体位置如图 4－19 所示：

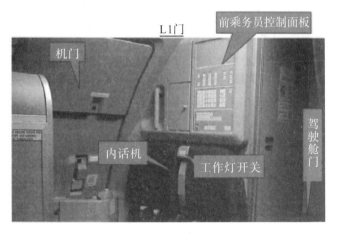

图 4－19 空中客车 320 型飞机娱乐系统位置

1. 预录广播系统

空中客车 320 型飞机预录广播系统如图 4－20 所示：

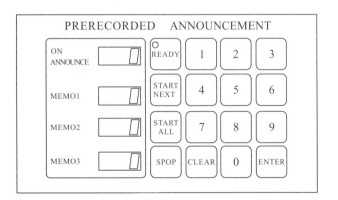

图 4－20 空中客车 320 型飞机预录广播系统

左侧：广播及记忆项目系统。

（1）ON ANNOUNCE：正在广播项目。

（2）MEMO1：记忆项目 1。

民航客舱设备常识

（3）MEMO2：记忆项目 2。

右侧：操作系统。

（1）READY：系统准备好，左上角内藏指示灯亮。

（2）START NEXT：广播下一个记忆项目。

（3）START ALL：广播所有记忆项目。

（4）STOP：停止广播。

（5）1～0：数字键。

（6）CLEAR：清除键。

（7）ENTER：输入键。

2. 登机音乐系统

空中客车 320 型飞机登机音乐系统如图 4-21 所示：

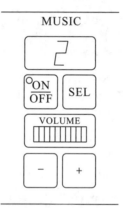

图 4-21　空中客车 320 型飞机登机音乐系统

（1）上部显示屏：显示音乐频道。

（2）ON/OFF：系统开关。

（3）SEL：频道选择键。

（4）VOLUME：音量显示。

（5）"-"：音量减小。

（6）"+"：音量增加。

（三）乘客娱乐系统操作

空中客车 320 型飞机乘客娱乐系统如图 4-22 所示：

图 4-22　空中客车 320 型飞机乘客娱乐系统

（1）乘客娱乐系统开关。

按下 ON：乘客娱乐系统电源接通指示灯亮。

按下 OFF：系统关闭，指示灯灭。

（2）如果此开关在关闭位，则乘客耳机内无声音。

思考题：

1. 空中客车 320 型飞机通信系统由哪几部分组成？

2. 空中客车 320 型飞机音频系统使用注意事项有哪些？

第三节　卫生间及其用水系统

一、卫生间

空中客车 320 型飞机客舱内设置了三个卫生间：前舱一个（LA），后舱两个（LD、LE）（如图 4-23）。每个卫生间都备有冷、热水和通风孔，另外还有冲水按钮、乘务员呼叫按钮和镜子等设施。LA 和 LE 两个卫生间备有助残设备。

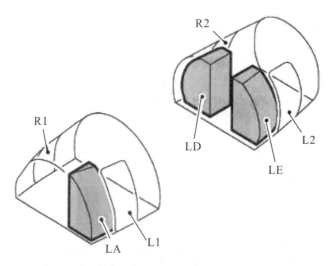

图 4-23　空中客车 320 型飞机卫生间位置示意图

（一）卫生间内部结构

空中客车 320 型飞机卫生间内部结构如图 4-24 所示，由马桶、镜子、盥洗室服务组件、应急灯、镜灯、手纸架、洗手液、水龙头、通风孔、扬声器、纸巾存放处等部件组成。

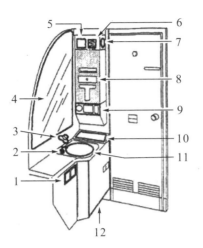

图 4－24 空中客车 320 型飞机卫生间内部结构

1—手纸架 2—洗手液 3—水龙头 4—镜子 5—应急灯和镜灯

6—通风孔 7—扬声器 8—纸巾存放处 9—盥洗室服务组件 10—垃圾箱

11—洗手池 12—自动灭火装置

（二）卫生间乘客服务组件

空中客车 320 型飞机卫生间乘客服务组件如图 4－25 所示，其中①为返回座位指示灯，②为呼叫乘务员按钮，③表示电源插孔。当"系好安全带"灯亮时，"返回座位"信号灯同时亮起，并发出单低谐音。

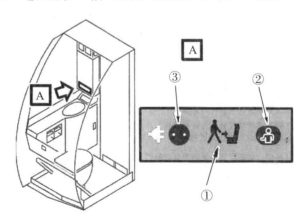

图 4－25 空中客车 320 型飞机卫生间乘客服务组件

（三）卫生间应急开门装置

在紧急状态下，空中客车 320 型飞机卫生间门可以从外侧打开（如图

4-26）。其程序如下：掀起"有人"显示牌上面的卫生间盖板，推动锁销，至"无人"字样出现。

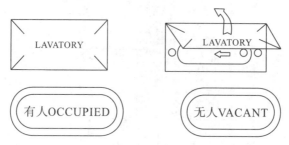

图4-26　空中客车320型飞机应急开门装置

二、用水系统

（一）清水/污水显示系统（WATER/WASTE）

如图4-27所示，WASTE QUANTITY表示污水量，左侧刻度显示污水箱水量，用百分比显示，起飞前应在"0"位。WATER QUANTITY表示清水量，左侧刻度显示清水（饮用及洗手水）量。用百分比显示，起飞前应在"100%"位。

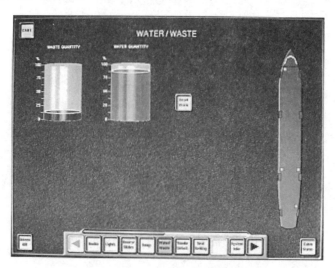

图4-27　空中客车320型飞机清水/污水显示系统

（二）水箱

空中客车320型飞机水箱位于飞机的货舱后部，容量为200升。

（三）水表

空中客车 320 型飞机水表位于 L1 门前乘务员控制面板上。

（四）水循环

如图 4-28 所示，空中客车 320 型飞机水循环如下：通过水泵把水从水箱输送到各用水设备，包括厨房、卫生间洗手盆及马桶。厨房和卫生间洗手盆废水经过滤、净化后，通过机腹部两根可以加热的金属排水杆排出机外，排水杆在机外部为鳍状。

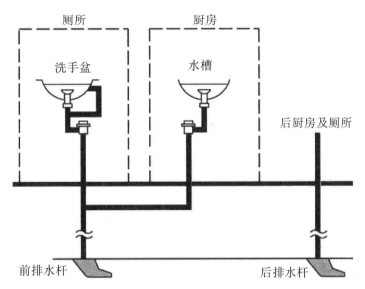

图 4-28 空中客车 320 型飞机水循环示意图

（五）马桶用水

空中客车 320 型飞机马桶用水有单独的污水箱，马桶污水在地面排放到专用的污水车内。

思考题：

空中客车 320 系列的卫生间和波音 737 系列的卫生间有什么异同？

第四节 厨 房

空中客车 320 型飞机有前后两个厨房,前厨房在 R1 门处,后厨房在飞机的后部。前厨房负责头等舱乘客及全体机组人员的餐饮服务,后厨房负责普通舱乘客的餐饮服务。每个厨房都有一套完整的供电和供水设备,以及其他辅助设施。厨房电源为独立供电系统,厨房电源总开关位于驾驶舱内。当飞机在空中出现发动机故障时,厨房电源会自动切断。

一、蒸汽烤箱

空中客车 320 型飞机蒸汽烤箱如图 4-29 所示。

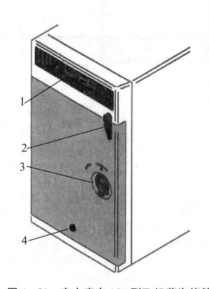

图 4-29 空中客车 320 型飞机蒸汽烤箱

1-烤箱控制板   2-四分之一锁   3-门把手   4-通气孔

空中客车 320 型飞机蒸汽烤箱控制板如图 4-30 所示:

(1) POWER ON:电源开关。

(2) NO WATER:无水警告灯,当烤箱供水有停顿或中断时,自动提示，烤箱将自动停止加热。

（3）STEAM：蒸汽开关，只能在低温或中温加热时使用。

（4）CYCLE：加热指示灯，当加热圈加热时亮起。

（5）MINUTES：加热时间显示屏（分钟）。

（6）TIME SET－：时间减少键，每点击一次，减少 1 分钟。

（7）TIME SET＋：时间增加键，每点击一次，增加 1 分钟。

（8）STA（START）：开始加热键。

（9）STOP：停止加热键。

（10）TEMPERATURE：烤箱内实际温度、加热目标温度显示屏（摄氏度）。

（11）LO：低温，下方有指示灯。

（12）MED：中温。

（13）HI：高温。

（14）TEMP SELECT：加热温度选择键，持续按住 1 秒钟以上，加热目标温度将在低、中、高温之间切换，每次切换一档。

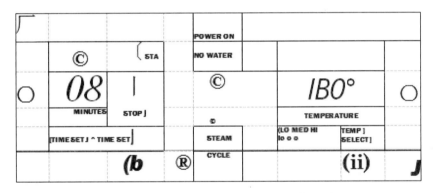

图 4－30 空中客车 320 型飞机蒸汽烤箱控制板

空中客车 320 型飞机蒸汽烤箱使用方法：

（1）打开电源开关，指示灯亮。

（2）显示使用的或剩余的时间。

（3）显示烤箱内实际温度。

（4）选择的加热温度指示灯亮。

（5）按时间减少或增加键，调整加热时间（普通正餐热食设定为 20

分钟）。

（6）按温度选择键调节加热温度（普通正餐热食设定中温）。

（7）接开始键加热。

（8）按时间种类选择使用蒸汽模式（如需使用，按蒸汽开关，指示灯亮）。

（9）加热时间回零后，烤箱自动停止工作。

（10）关闭电源开关（若在加热时间未回零之前直接关闭电源开关，则再次打开电源开关后，烤箱将自动按上次设定的加热温度开始加热，直至剩余时间回零。如不需要此操作，可按停止键，重新操作）。

二、普通烤箱

空中客车 320 型飞机普通烤箱如图 4-31 所示。

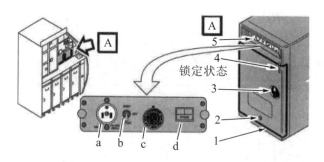

图 4-31 空中客车 320 型飞机普通烤箱

1—烤箱门 2—通气孔 3—门把手 4—四分之一锁 5—烤箱控制板

空中客车 320 型飞机普通烤箱控制板如图 4-32 所示：

①外接电源插座。

②定时器开关：调节加热时间（分钟）。

③加热温度选择键：左侧 150℃，右侧 230℃，均内藏指示灯，显示所选择温度。

④⑤CYCLE：加热指示灯。

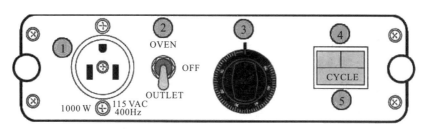

图 4-32　空中客车 320 型飞机普通烤箱控制板

空中客车 320 型飞机普通烤箱使用方法：

（1）将供电方式选择开关扳到烤箱供电位。

（2）选择加热温度（普通正餐热食设定为 230℃）。

（3）向右旋转定时器开关（普通正餐热食设定为 20 分钟）。

（4）烤箱开始工作。

（5）当定时器回零后，烤箱自动停止工作。

（6）将供电方式选择开关扳到 OFF（关闭）位。

三、煮咖啡器

空中客车 320 型飞机的煮咖啡器组成部件如图 4-33 所示：

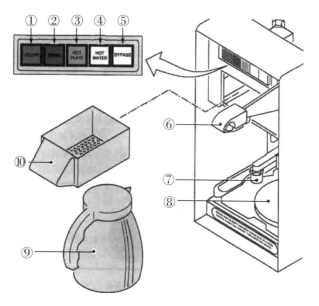

图 4-33　空中客车 320 型飞机煮咖啡器

①电源开关 ON/OFF（红色）。

②煮咖啡器开关 BREW（绿色）。

③加温盘开关 HOT PLATE（橙色）。

④热水放水开关 HOT WATER（黄色）。

⑤补水开关 BYPASS（白色）。

⑥咖啡盒及咖啡壶锁定手柄。

⑦热水出口。

⑧加温盘。

⑨咖啡壶。

⑩咖啡盒。

空中客车 320 型飞机煮咖啡器使用方法：

1. 煮咖啡

（1）打开电源开关，指示灯亮。

（2）提起锁定手柄，取出咖啡盒，放入袋装咖啡，将咖啡盒放回原位。

（3）取下咖啡壶，确认壶内干净、无水后放回。

（4）压下锁定手柄。

（5）按煮咖啡开关，指示灯亮。

（6）指示灯熄灭后，咖啡即煮好。

（7）如水量不够，可按住补水开关至水量合适。

（8）如需保温，可打开加温盘开关，指示灯亮。

2. 烧热水

（1）打开电源开关，指示灯亮。

（2）热水放水开关指示灯亮后，热水即烧好。

（3）按住热水放水开关，热水从热水出口流出。

空中客车 320 型飞机煮咖啡器注意事项：

（1）煮咖啡后，应将咖啡包取出，并清洗咖啡盒及咖啡壶。

（2）当加温盘上没有咖啡壶或咖啡壶空着时，禁止打开加温盘开关。

（3）加温盘上严禁放置除咖啡壶外的其他物品。

（4）当加温盘上没有咖啡壶时，不要按补水开关。

（5）控制每次热水用量，以一壶为宜，最多不得超过两壶。

（6）避免长时间打开而不放水，使咖啡机空烧。

（7）由于热水出水口过滤网会产生小气泡，煮咖啡器不宜直接沏茶叶。

（8）当水箱内无水时，禁止打开电源开关。

思考题：

1. 空中客车 320 型飞机蒸汽烤箱和普通烤箱分别该怎么操作？

2. 空中客车 320 型飞机煮咖啡器的注意事项有哪些？

第五节 舱 门

一、舱门主要部件

空中客车 320 型飞机备有"Ⅰ"型门四个,"Ⅰ"型门开门时向上提起。在紧急情况下,所有的门都可以做紧急出口使用。L1、L2 是登机门,主要用于乘客上下飞机,其中 L1 为主要登机门。R1、R2 是服务门,主要供装卸食品车和清洁车使用。空中客车 320 型飞机的舱门位置如图 4−34 所示。

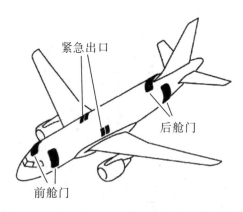

图 4−34 空中客车 320 型飞机舱门位置示意图

空中客车 320"Ⅰ"型门由滑梯包、安全销、舱门操作手柄、舱门观察窗、辅助手柄、舱门状态指示牌、舱门支撑臂、阵风锁、安全销存放插孔、滑梯分离器等部件组成(如图 4−35)。

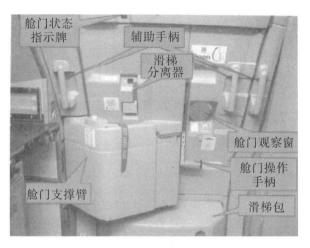

图 4-35 空中客车 320 型飞机 "Ⅰ" 型门结构图

（一）安全销

当分离器处于人工位时，插入安全销（如图 4-36），阻止滑梯充气。

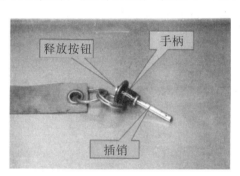

图 4-36 空中客车 320 型飞机安全销

（二）舱门操作手柄

舱门操作手柄用于打开和关闭舱门。

（三）舱门锁定指示器

舱门锁定指示器位于舱门上部，可以显示舱门开关状态（如图 4-37）。其具体含义为：UNLOCKED——红色，舱门未锁定；LOCKED——绿色，舱门已锁定。

UNLOCKED

LOCKED

图 4-37　空中客车 320 型飞机舱门锁定指示器

（四）阵风锁解除按钮

阵风锁解除按钮位于舱 I、J 支撑臂上（如图 4-38），阵风锁在舱门全开位置时，能锁定舱门。

图 4-38　空中客车 320 型飞机阵风锁解除按钮

（五）舱门观察窗

舱门观察窗位于舱门中部，直径约 15 厘米（如图 4-39）。

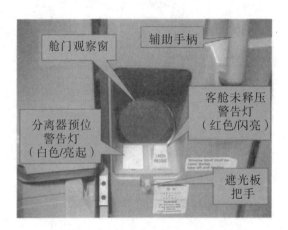

图 4-39　空中客车 320 型飞机舱门观察窗

（六）警告灯

警告灯位于舱门观察窗右下方，其具体按钮功能如下：

（1）CABIN PRESSURE（客舱未释压警告灯）：红色，三角形突起。当发动机已关闭滑梯预位已解除，但客舱内外压差没有完全解除时闪亮。

（2）SLIDE ARMED（滑梯预位警告灯）：白色，平面长方形，当滑梯预位，拉动控制手柄时警告灯亮起。

（七）舱门操作手柄

内部手柄：舱门中部。

外部手柄：手柄槽内，底部有手柄松锁板。

（八）阻拦绳

舱门门框一侧有阻拦绳，是一条黄黑相间的布带，可收回至门框一侧内，使用时拉出，拦在另一侧门框内的挂钩上。当舱门打开后，舱门外无任何衔接物，必须挂上阻拦绳，关闭前必须收回。

（九）滑梯分离器

滑梯分离器位于舱门中部（如图 4-40）。

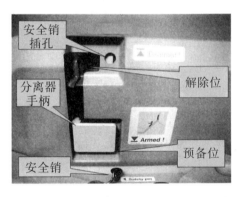

图 4-40　空中客车 320 型飞机滑梯分离器

（1）分离器舱罩。

（2）分离器手柄：端部为黄色或灰色。

（3）安全销：顶部有释放按钮。

（4）警示带：红色。

（5）手柄位置指示牌。

Armed：滑梯预位，红色；

Disarmed：滑梯解除预位，绿色。

（6）分离器观察窗。

红色：滑梯预位；

绿色：滑梯解除预位。

二、内部关闭舱门操作

从内部关闭舱门的操作程序如下：

（1）按住阵风锁按钮。

（2）一手抓住辅助手柄，一手向内拉门。

（3）压下舱门操作手柄直至关闭。

（4）确认舱门指示牌位于锁定状态（LOCKED）。

（5）确认舱门完全关闭，没有任何夹杂物。

三、外部关闭舱门操作

从外部关闭舱门的操作程序如下：

（1）将阻拦绳收回。

（2）确认舱门内、外无障碍物。

（3）按住解除阵风锁按钮并保持，待舱门拉动后再放开。

（4）将舱门推回至舱内。

（5）将舱门外部控制手柄压下与舱门平齐，松锁板弹回与舱门平齐，将舱门关好。

（6）检查舱门密封状况，确认舱门没有夹杂物。

四、滑梯预位操作

滑梯预位的操作程序如下：

（1）向上抬起滑梯预位手柄舱罩。

（2）按住安全销顶部释放按钮，将安全销拔出，并将其插入安全销存放孔内，展平警示带。

（3）向下按住滑梯预位手柄与舱门平齐。

（4）将滑梯预位手柄舱罩盖好。

注意：如果滑梯预位手柄处在 AMRED（预位）位置时，从外侧开门，滑梯预位手柄将自动回到 DISARMED（解除预位）位置。

五、解除滑梯预位操作

解除滑梯预位的操作程序如下：

（1）向上抬起滑梯预位手柄舱罩。

（2）向上抬起滑梯预位手柄与舱门垂直。

（3）取出安全销。

（4）按住释放按钮，将安全销插入安全销孔内，使警示带垂放在手柄上。

（5）将滑梯预位手柄舱罩盖好。

六、内部打开舱门操作

从内部打开舱门的操作程序如下（如图4-41）：

（1）确认释压警告灯未闪亮。

（2）确认滑梯预位手柄在解除位。

（3）确认舱门外无障碍物。

（4）向上开启舱门操作手柄，确认滑梯预位警告灯未亮。

（5）将舱门操作手柄向上开启。

（6）将舱门向外推到全开位，直至被阵风锁锁住。

注意：一旦发现释压警告灯亮，不要开门，立即报告机长。

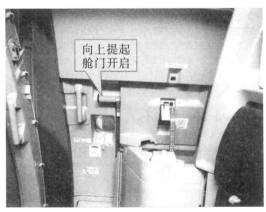

图4-41　从内部打开空中客车320型飞机的舱门

七、外部打开舱门操作

从外部打开舱门的操作程序如下（如图 4—42）：

（1）确认舱门外无障碍物。

（2）从观察窗处确认客舱未释压，警告灯没有亮。

（3）按进手柄解锁板。

（4）将手柄向上抬起，至绿色水平线。

（5）将舱门向外拉到全开位，至被阵风锁锁住。

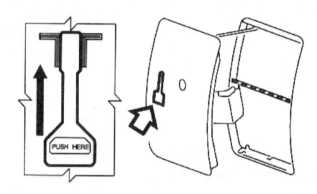

图 4—42　空中客车 320 型飞机外部开关舱门手柄

思考题：

1. 空中客车 320 型飞机"Ⅰ"型门的结构是怎样的？

2. 空中客车 320 型飞机滑梯分离器由哪几部分组成？

3. 怎样从内部打开空中客车 320 型飞机的舱门？

4. 怎样从内部关闭空中客车 320 型飞机的舱门？

第六节　滑梯及紧急出口

一、滑梯

空中客车 320 型飞机 "Ⅰ" 型舱门可选装两种型号的滑梯，一种是单功能撤离滑梯，另一种具有双功能，既可用作撤离滑梯又可用作救生船（如图 4-43）。

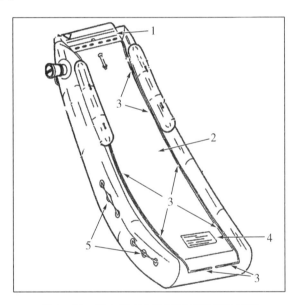

图 4-43　空中客车 320 型飞机滑梯示意图

1-梯带杆　　2-梯面　　3-照明灯　　4-减速片　　5-拉绳

二、紧急出口

空中客车 320 型飞机共有四个紧急出口，左右两侧各两个，紧急出口始终处于预位状态，发生紧急情况时可打开撤离（如图 4-44）。

图 4—44　空中客车 320 型飞机紧急出口

空中客车 320 型飞机紧急出口打开程序如下：

（1）取下手柄盖。

（2）用力向内向下拉动操作手柄。

（3）舱门自动向外弹出。

思考题：

空中客车 320 型飞机"Ⅰ"型舱门可选装几种型号的滑梯？

第五章　客舱应急处置

案例

用沉着冷静稳定旅客

　　某航班，飞机起飞后约 8 分钟，突然听见右发动机传来 3 声"砰砰砰"的响声，飞机剧烈地抖动了 3 下，紧接着旅客呼唤铃声响成了一片。"发动机后面喷火了，到底发生了什么事？严不严重？"旅客惊慌地向走入客舱的乘务员求援。此时已有多年飞行经验的乘务长平静地向旅客们说："大家不要慌，请坐在自己的座位上，系好安全带，不要随意走动。我想可能是鸟或气球之类的东西被吸进了发动机造成的，这种情况以前也遇到过，我们都处理得很好，这一次我们也有信心处理，请大家不要慌，配合我们的工作。"乘务长的几句话有效稳定了旅客的紧张情绪。然后乘务长又让 3 号乘务员再次广播通知让旅客系好安全带。不久，机长通知返航，乘务长亲自广播通知旅客注意事项，并要求乘务组做好紧急迫降准备。10 分钟后，飞机安全落地，经检查发现是一条 6 尺长的塑料打包带被吸进了发动机，万幸的是没有打坏发动机叶片。

　　在紧急情况下，乘务员的沉着冷静带给旅客的是信心和信任。乘务员此时重要的工作是尽快使旅客的情绪稳定下来，避免因部分旅客的惊慌造成客舱秩序的混乱。同时，认真观察故障发生的现象，真实客观地报告机组，便于机组决断。乘务员应充分发挥平时应急训练所掌握的知识，沉着冷静，按程序操作，做好所有应急撤离准备，有效指挥旅客，最大限度地降低可能的损失或灾难。

第一节　客舱应急撤离

一、应急处置的基本原则

飞机发生紧急情况时，乘务员采取应急处置应遵循以下原则：

（1）听从统一指挥。当机上发生紧急情况时，任何人都必须按紧急情况指挥权限的规定统一听从指挥。

（2）沉着冷静，随机应变。不管发生任何情况，乘务员都应沉着冷静，在遵循技术操作要领的前提下，根据事态的发展随机应变，采取有效的处置措施。

（3）准备处置的措施。乘务员要在稳定情绪、保持镇定的同时，根据发生的紧急情况及时准备处置方案和措施，并组织实施。

（4）迅速而正确的判断。飞机发生紧急情况，特别是客舱内发生紧急情况时，乘务员应迅速做出正确的判断，并立即报告乘务长和机长。

（5）团结协作，确保客舱秩序井然。任何情况下，机组成员都应互相配合、互相支持、团队协作，共同维护客舱秩序，稳定旅客情绪，确保飞机平衡，争取时间处置意外。

二、应急撤离基础知识

（一）撤离口的选定

当飞机紧急着陆（水）时，乘务员应根据机长的指示、周围环境以及飞机着陆（水）的姿势选择撤离口，并指挥旅客有序撤离。

1. 正常陆地迫降

飞机在常态下，所有出口均可使用。

2. 前轮和主轮全部折断

在这种情况下，机翼出口不能使用，因发动机触地，可能引起爆炸和火灾。可从前、后舱门迅速撤离机舱。

3. 前轮折断

在这种情况下，所有出口均可使用，但要考虑后机门离地面的高度及滑梯的长度能否接地。

4. 飞机尾部拖地

在这种情况下，所有出口均可使用，但要考虑前机门离地面的高度及滑梯长度能否接地。

5. 飞机侧趴，主轮一侧折断

在这种情况下，靠地面一侧的机翼出口不能使用，因为发动机触地可能引起爆炸和火灾。

6. 水上迫降

在这种情况下，紧急出口一般不用，需要使用时，应挂好逃离绳。其他出口要视飞机浸水情况而定。

（二）紧急情况的指挥权限

（1）机长是绝对权威的领导核心，机上全体人员必须听从机长的指挥。

（2）如果机长失去指挥能力，接替指挥权、管理权的依次是第二机长、副驾驶、飞行机械员、领航员、报务员和乘务长/主任乘务长。

（3）主任乘务长/乘务长失去指挥能力时，乘务组的接替顺序是区域乘务长、头等舱乘务员、普通舱乘务员、援助者。

（三）撤离时的指挥

（1）主任乘务长/乘务长负责客舱的指挥。

（2）一名乘务长或乘务员先下飞机负责地面（水上）指挥。

（3）乘务员开门后要迅速用双臂封住出口，判断滑梯/救生船充气情况，充气完毕迅速指挥旅客撤离。

（4）如果所负责的门和出口不能使用，迅速指挥旅客到其他出口撤离。

（5）陆地撤离时，要指挥旅客"一个接一个跳""坐"；水上撤离时，要指挥旅客上船前先将救生衣充气。

（6）指挥撤离时乘务员发出的口令应简洁、准确、响亮，起引导作用。

（四）逃离方向的选择

（1）陆地撤离应选择在风上侧，远离飞机至少100米以外。

（2）水上撤离应选择在风下侧，离开燃油区和燃烧区。

（五）撤离时间

（1）陆地撤离时间为90秒。这一时间指从飞机完全停稳到机上最后一个客人撤离为止。

（2）水上撤离的准备时间为6分钟，这一时间的计算是从机长广播迫降决定开始至机长广播飞机着水为止。

（六）跳滑梯的姿势

（1）正常人从滑梯撤离，应是双臂平举，轻握拳头，或双手交叉抱臂，从舱内跳出，落在梯内时手臂的位置不变，双腿及后脚跟紧贴梯面，收腹弯腰直滑到梯底，站起跑开。

（2）抱小孩的旅客，应把孩子抱在怀中，坐着滑下飞机。儿童、老人和孕妇也应坐着滑下飞机，在梯面的姿态与正常人相同。

（3）伤残旅客可根据自身的情况，坐滑或由援助者协助坐滑撤离。

（七）挑选援助者

1. 援助者的挑选

紧急情况下，机组成员可根据机上需要，挑选若干援助者，协助乘务员工作。援助者可从乘坐飞机的机组人员、本公司或其他航空公司的雇员、军人、警察、消防人员、身强体壮的男性旅客等几类人员中挑选。

2. 援助者的任务

援助者的主要任务是帮助那些需要帮助的旅客并协助乘务员做好撤离工作。

（1）紧急出口处的援助者的任务分两种情况：

①陆地撤离时各援助者的任务。

援助者1：观察情况，打开窗户，站在机翼上靠近紧急出口的地方，帮助旅客撤离。

援助者2：站在机翼底下的地面上，协助旅客从翼上滑下。

援助者3：站在离飞机较远的安全地方，呼喊旅客集中在一起，不许抽烟，不许返回飞机。

②水上撤离时各援助者的任务。

援助者1：观察情况，打开窗户，协助使用救生船。把救生船搬运到机翼上，投入水中使之充气，帮助旅客进入救生船。

援助者2：进入救生船，帮助安排好旅客。

援助者3：站在机翼出口处，帮助旅客逃出，并提醒旅客给自己的救生衣充气。

（2）靠近门出口处的救援者的任务也分两种情况：

①陆地撤离时各援助者的任务。

援助者1：打开门，第一个滑下飞机，站在滑梯的左侧，抓住一边，帮助滑下来的旅客。

援助者2：第二个滑下飞机，站在滑梯的右侧，抓住一边，帮助滑下来的旅客。

援助者3：第三个滑下，带领并指挥撤出的旅客向集合点集中，远离飞机。

援助者4：站在撤出口的一侧，与客舱乘务员一起指挥旅客撤离。

援助者5：在乘务员失去指挥能力时，代替其指挥旅客。

②水上撤离时各援助者的任务。

援助者1：打开门，协助乘务员将救生筏翻转过来。第一个跳入水中，在门的一侧，指挥并帮助其他旅客。

援助者2：跳入水中，在机门的另一侧指挥帮助旅客。

援助者3：站在客舱门口左侧，招呼旅客过来，提醒旅客给自己的救生衣充气。

援助者4：站在客舱门口右侧，在乘务员失去指挥能力时，代替其指挥旅客。

（八）防冲撞姿势

根据不同的座椅及旅客的实际情况，防冲撞的姿势也有所不同。

（1）面向机尾方向坐的乘务员的防冲撞姿势：紧紧系牢肩带和座椅安全带，双臂挺直，双手紧抓座椅边缘，头紧靠椅背，两脚平放，用力蹬地。

（2）面向机头方向坐的乘务员的防冲撞姿势：紧紧系牢肩带和座椅安

全带，双肩挺直收紧下腭，双手紧抓座椅边缘或交叉抱住双臂，两脚平放，用力蹬地。

（3）成年人/儿童旅客的防冲撞姿势：身体前倾，头贴在双膝上，双手紧抱双腿，两脚平放，用力蹬地，系好安全带。也可以双手交叉用力抓住前排座椅靠背，头靠在两臂之间，双脚平放，用力蹬地。

（4）婴儿的防冲撞姿势：将婴儿用衣服或毛毯包好斜抱在怀中，抱着婴儿俯下身，安全带系在抱婴儿者的腹部。有条件的系好婴儿安全带，婴儿安全带系在婴儿的大腿根部。

（5）特殊旅客（肥胖者、孕妇、高血压者、高大者）的防冲撞姿势：双臂交叉，伸出双手抓前排座椅靠背，头俯下紧贴在交叉的双臂上，双脚放平，用力蹬地。孕妇安全带系在大腿根部。

（九）检查和固定设备，清理出口和通道

（1）检查所有出口，确保处于待用状态。

（2）检查所有洗手间，确保里面无人并锁好门

（3）固定厨房设备，关闭厨房电源。

（4）取下舱内所有门帘、隔帘，打开遮光板。

（5）从行李架上取下大的、重的物品放在厕所内锁好，并将行李箱扣好。

（6）检查旅客的安全带是否已经系好，小桌板、脚垫、椅背是否收到正常位置。

（7）收好所有耳机，关闭娱乐系统。

（十）调整旅客座位

乘务员应根据旅客座位情况及时调整，将援助者安排在出口处或需要帮助的旅客旁边就座。特殊旅客可安排在紧急出口的第二排中间，同一排座椅不能同时安排两个特殊旅客。担架旅客则安排在客舱最后一排。

（十一）取下锐利的松散物品

所有旅客在紧急撤离时应将锐利和松散物品从身上取下来并放好。取下钢笔、发夹、小刀、珠宝首饰和假牙等，放在各自的行李袋内。解下围巾和领带，放在行李架内。脱下高跟鞋，放入行李袋，并存放在座椅下或行李架内。不要把任何东西放在座椅背后的口袋里。

（十二）乘务员自身的准备

紧急撤离前乘务员自身应做好以下准备：脱下高跟鞋、皮鞋，取下锐利物品，海上迫降时要穿好救生衣，如果时间允许，应脱下尼龙制品的衣服。

（十三）撤离前的最后准备

（1）重新检查客舱/厨房。

（2）审阅应急撤离职责和应急撤离检查单。

（3）打开应急灯，夜间调暗客舱的灯光。

（4）将准备情况报告乘务长。

（5）坐在乘务员座椅上，系好安全带和肩带，做好防冲撞准备。

（十四）旅客撤离飞机后清舱

（1）旅客撤离完毕后，各区域乘务员清理所负责的舱段，确认无人后，报告区域乘务长，各区域都无须帮助后即可撤离。

（2）乘务长负责客舱的最后清舱检查，确定无人后，即可撤离。陆地迫降从飞机的后门（L2 门或 R2 门）撤离，水上迫降从 R1 门撤离。

（3）机长负责客舱的最后检查，确认机上无人后，最后一个撤离飞机。

（十五）水上迫降

在水上迫降时，乘务员应向旅客介绍救生衣的使用方法。先把儿童救生衣发给陪伴小旅客的成年人，在着陆前儿童救生衣必须充一部分气，如果小旅客在婴儿固定座位上，则要等飞机迫降时把小旅客抱离座位再充气。成年人的救生衣只有在到达机门口才能充气，因为充气后的救生衣不易经过紧急出口，而且如果飞机很快沉入水中，对于穿着充气救生衣的旅客来讲，很难迅速到达出口处。救生衣必须穿在所有衣服的外面，便于和水面上其他物体区分，这样容易被搜救人员发现。机组人员的救生衣为红色，旅客救生衣为黄色。如果有可能，尽量使一家人在一起。提醒旅客离开飞机时应带小毯子及一些保暖的衣服，不要带个人行李。

三、有准备的应急撤离

有准备的应急撤离，是指客舱乘务员有一定的时间做撤离前的准备工作，并进行应急广播，对旅客说明撤离情况。有准备的应急撤离可能发生

在陆地上，也可能发生在水上。

有准备的应急撤离一般有两种情况：一种是撤离前机组和旅客有充分的时间做好撤离的各项准备工作；另一种情况是在撤离前给机组和旅客的准备时间是有限的。在不同情况下，乘务组应急撤离准备工作的程序是不同的。

（一）准备时间充分的应急撤离

由于撤离前有充足的时间做各项准备工作，因此，乘务员应尽可能全面地考虑应急撤离的最佳方案和措施，并有序地组织旅客撤离。

1. 撤离准备

（1）乘务长从驾驶舱获取应急迫降的信息。

任务训练

乘务长从机长处获取紧急迫降的信息

驾驶舱呼叫客舱，三声铃响过后，乘务长马上进入驾驶舱。

训练提示：

（1）乘务长进入驾驶舱的时候要带上笔和纸，以便记录要点。

（2）了解飞机发生的情况、准备时间和迫降地点。

（3）复述理解的内容。

（4）与机长对时，以机长的时间为准。

（2）立即召集乘务员，传达迫降信息并确认每位乘务员是否明确各自分工。

任务训练

乘务组分工完毕后，乘务员的初步工作

训练提示：

（1）乘务员关闭厨房电源以及娱乐系统。

（2）走到客舱安抚旅客情绪。

（3）让旅客系好安全带，调直椅背，扣好小桌板，打开遮光板，禁止吸烟。

（4）取下尖锐及松散物品，放松衣服。

（3）广播通知旅客迫降的决定，让旅客系好安全带，调直椅背，扣好小桌板，打开遮光板，禁止吸烟。

女士们、先生们：

为了撤离时您的安全，请您取下随身的尖锐物品，如钢笔、手表和首饰。

Ladies and Gentlemen：

Please remove sharp objects，such as pens，watches，jewellery to prevent injury.

松开领口、领带和围巾这样的物品。

Loosen your collars，neckties and scarves.

把所有这些物品放入行李内，请不要把任何东西放在你前面的座椅袋内。

Put them in your carry on baggage，don't put anything in the seat pocket in front of you.

脱下高跟鞋（鞋子）交由乘务员保管。

Remove（high－heeled）shoes and hand it to your flight attendants.

（请脱下高跟鞋，remove your high－heeled shoes）

下面，请大家解开安全带站起来。

Now，everybody open your seat belt and stand up.

从行李架内取衣服穿好。

Take your coats and jackets from the overhead compartment and put them on.

坐下，请系好安全带。

Sit down and fasten your seat belt tight and low.

（请系好安全带，fasten your seat belt）

（4）关闭厨房电源以及娱乐系统。

（5）取下尖锐及松散物品，放松衣服。

（6）示范救生衣。

（7）广播介绍撤离出口位置及撤离路线。

任务训练
广播介绍撤离出口位置及撤离路线

乘务长广播：

　　女士们、先生们：

　　请注意！现在由客舱乘务员向您介绍紧急撤离路线。在飞机的左右侧都设有紧急出口，请按乘务员所指的方向撤离。在指定的门不能脱出时，请尽快转移到其他出口。

　　乘务员：在规定位置站好，确认至少两个出口。

　　口令：这排的旅客注意了，飞机完全停稳后，从这个门撤离，如果这个门不能使用，从那个门撤离！

（8）表演防冲撞姿势。

任务训练
表演防冲撞姿势

　　口令：跟我做！

　　保持姿势，我来检查！

　　乘务员接下来完成：检查旅客安全姿势，指导第一排旅客和特殊旅客。

　　广播：

　　女士们、先生们：

　　当机长发出命令时，您要做好防冲撞姿势。当飞机未完全停稳时，请您仍保持防冲撞姿势。当飞机停稳后，请按乘务员的指挥进行紧急撤离。

（9）选择援助者。

任务训练

选择援助者

女士们、先生们：

如果您是航空公司雇员、执法人员、消防员或军人的话，请与乘务员联络，我们需要你的协助。因撤离时需要，我们将调整一些人的座位。（暂停广播）

乘务员选择各自出口的援助者。

挑选援助者时的语言

选择援助者时说：你愿意做我的援助者吗？到这边来。飞机停稳后，像这样拦住旅客，直到滑梯充气。

对一号援助者说：飞机完全停稳后，我来开门，我不能开时，你帮我，门是这样打开的。门外有火时不要开门，指挥旅客从其他出口撤离。你第一个下飞机，抓住滑梯左侧帮助旅客撤离。

对二号援助者说：你第二个下飞机，抓住滑梯右侧帮助旅客撤离。

对三号援助者说：你大声呼喊召集旅客，带领旅客朝风上侧方向远离飞机。

对四号援助者说：你在门口像我这样抓住把手，指挥旅客："快往这边来，跳、滑！"

对五号援助者说：如果我受伤，将我带下飞机，我的安全带是这样解开的。

乘务员再对五名援助者说：听明白了吗？请重复！对，你坐到这里，采取这种防冲撞姿势，系好安全带。

（10）调整旅客座位。

（11）检查固定设备，清理出口和通道。

（12）准备自身携带物品。尽可能多地带上文件、资料和各种必要的设备、饮料、食品、毛毯、水等。存放在安全、易于拿取的位置（在机场范围内，可以不用携带饮料、食品、毛毯）。

表 5−1　撤离时各乘务员的职责

乘务员代号	职　责	携带物品	脱出位置
PS1	负责舱内总指挥 负责 L1 门 广播 检查客舱	旅客名单 手电筒 麦克风	L2 或 R2
SS3	负责前厨房 负责 R1 门指挥	手电筒、饮料、药箱	R1
SS5	负责右紧急出口指挥 负责舱内旅客	手电筒、药箱	右紧急出口
SS2	负责 L2 门指挥 打开应急灯	手电筒、麦克风	L2
SS4	负责后厨房 负责 R2 门指挥	手电筒、发报机	R2
SS6	负责左紧急出口指挥 负责舱内旅客	手电筒、食品	左紧急出口

任务训练
各号位乘务员说出自身号位携带的物品

（13）乘务长广播："请乘务员再次进行安全确认。"

乘务员同步完成以下工作：

重新确认客舱和厨房内的漂浮物品，关闭厨房电源，提醒旅客摘下假牙、眼镜、助听器放在外套或外衣口袋里。

（14）乘务员做好自身的准备。

乘务长广播：全体乘务员做好个人检查。

乘务员取下尖锐物品，脱下高跟鞋、丝袜，淋湿头发，坐好并系好安全带，向乘务长报告。

（15）各号位乘务员准备工作完成后，报告乘务长。

乘务长做好自身准备后，调暗客舱灯光。

乘务长广播：女士们、先生们：为了使您在撤离时能适应机外光线，我们将调暗客舱灯光。

（16）乘务长确认乘务组准备工作完成后，报告责任机长："乘务组和客舱准备工作完毕。"

2. 防冲撞

防冲撞的步骤如下：

（1）当飞机下降到 500 英尺时（着陆前 1.5 分钟），机组广播"准备冲撞"，乘务员必须坐在规定位置，系好安全带和肩带，自身做好防冲撞姿势，并提醒旅客"系好安全带，做好防冲撞姿势"。

（2）当飞机下降到 100~50 英尺时（着陆前 15 秒），机组广播"防冲撞开始"。乘务员高喊三遍"紧迫用力，弯腰，低头"的口令。

3. 撤离

当飞机着陆（水）停稳后，机长发出"紧急撤离"命令或客舱灯熄灭，应急灯亮，乘务员立即组织旅客按以下程序撤离：

（1）判断飞机完全停稳，观察外面情况，打开所需要的舱门和出口。

（2）确定滑梯充气状况，指挥旅客撤离。

（3）旅客撤离完毕，乘务员、乘务长检查客舱后报告责任机长，随之撤离飞机。

（4）撤离时带好必须物品。

4. 撤离飞机后

撤离飞机后，把旅客安排在离飞机至少 100 米外的安全距离，清点旅客和机组成员人数，报告责任机长。组织救治受伤者，使用求救设备。如果可能的话，设置一名警卫以确保邮件、包裹或飞机的各部分不受干扰。

（二）准备时间有限的应急撤离

当撤离前给机组准备的时间非常有限（不足 10 分钟或更少的时间）时，乘务组准备工作的次序如下：

（1）固定好客舱厨房设备。

（2）检查座椅靠背、小桌板是否恢复正常位置。

（3）系好安全带。

（4）介绍防冲撞姿势、撤离出口位置及撤离路线。

飞机着陆（水）停稳后，乘务组的工作与有充分准备时间的应急撤离

程序相同。

四、无准备的应急撤离

无准备的应急撤离通常发生在没有警报情况下的飞机起飞或者着陆时，如终止起飞、冲出跑道等。这种情况可能发生在地面，也有可能发生在水上。由于没有时间对应急事件做任何准备工作，因此，乘务员必须在出现第一个撞击迹象时做出反应，并按以下程序进行应急撤离：

（1）迅速作出判断，发出"弯腰、低头、全身用力"的口令。

（2）飞机停稳后，与驾驶舱取得联系，协调紧急撤离，听从机长口令。

（3）确认和打开应急灯。

（4）在以下几种情况下，乘务员才可以发出紧急撤离口令：

①飞机严重结构性损伤。

②出现威胁性起火或烟雾。

③飞机已在水上停稳。

④飞机停稳后，乘务长与机组人员取得联系时，发现飞行员已失去指挥能力。

（5）开门前观察门外情况，开门后观察滑梯充气情况。

（6）用明确的口令指挥旅客撤离并远离飞机。

撤离后的工作与有计划的撤离相同。

五、陆地撤离

（一）波音 737−800 型飞机区域划分及撤离时乘务员的职责

1. 区域划分

波音 737−800 型飞机的区域划分如图 5−1 所示。

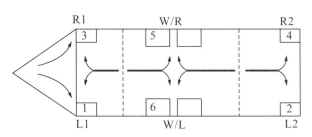

图 5—1　波音 737—800 撤离区域划分

1～11 排 L1、R1（62 名旅客）。

12～18 排 W/L、W/R（42 名旅客）。

19～29 排 L2、R2（63 名旅客）。

2．具体撤离

由 4 号乘务员选择 6 名援助者，协助 12～18 排旅客由两个紧急出口（W/L、W/R）撤离。乘务员进行结伴清舱后，选择就近出口撤离，乘务长清舱后由后门撤离。

（二）陆地撤离程序

（1）确认飞机完全停稳。

（2）判断地面状况。

（3）确认分离器在预定位置。

（4）打开滑梯自动充气。

（5）拉人工充气手柄。

（6）封门确认滑梯充气状况。

（7）指挥旅客有序撤离。

表 5—2　紧急情况下的指挥口令

状　态	发布人	口　令
飞机接地前 1 分钟，高度 500 英尺	机长	防冲撞准备！ Prepare for bracing!
飞机接地前 20 秒钟，高度 50 英尺	机长	防冲撞开始！Brace!
	客舱乘务员	弯腰不动！Bend down!

状 态		发布人	口 令
飞机停稳后	实施撤离	机长	撤离！Evacuate！（三遍） 从左/右侧撤离 Evacuate to the left！ Evacuate to the right！
		客舱乘务员	解开安全带！Release seat belt！ 撤离！Evacuate！
	解除撤离	机长	保持原位！Remain seated！
		客舱乘务员	保持原位！Remain seated！ 保持镇静！Keep Calm！
	30 秒无飞行组指令 （飞行人员丧失能力）	主任乘务长/ 乘务长	撤离！Evacuate！ 解开安全带！Release seat belt！
滑梯完全充气后，指挥人员撤离时		客舱乘务员	这边来！Come（this way）！
水上撤离，当旅客通过出口时		客舱乘务员	充气！下水！Inflate！Go！（无救生筏） 充气！爬出去！Inflate！Crawl out！
陆地撤离，当旅客通过出口时		客舱乘务员	一个接一个！跳！坐！ One by one！jump！
旅客从紧急出口撤离时		客舱乘务员/ 援助者	跨出去！脚先出！ Step out！Feet first！
指令旅客加快撤离速度时		客舱乘务员	快！快！Move（fast）！
客舱有烟雾时		客舱乘务员	蹲低行走！沿灯光向前！沿声音方向走！透过衣服呼吸！ Stay down！Follow path indicator lights！ Follow the sound！ Breathing through clothes！
出口门操作手柄被卡住		客舱乘务员	出口不通！到对面！（前面！后面！） No exit！Go across forward！（Forward！Back！）
出口外有火、烟、水、障碍时，严禁打开该出口		客舱乘务员	出口不通！到对面！（前面！后面！） No exit！Go across forward！（Forward！Back！）
滑梯失效		客舱乘务员	出口不通！到对面！（前面！后面！） No exit！Go across forward！（Forward！Back！）

状　态		发布人	口　令
撤离后清舱		客舱乘务员	还有人吗？Anybody else？
起飞滑跑或着陆过程，发现异常情况，等待飞机完全停稳后	实施撤离	机长	撤离！Evacuate！（三遍） 从左/右侧撤离 Evacuate to the left! 　　　　　　　　Evacuate to the right!
		客舱乘务员	解开安全带！ Release seat belt! 撤离！Evacuate!
	解除撤离	机长	保持原位！Remain seated!
		客舱乘务员	保持原位！Remain seated! 保持镇静！Keep Calm!
	无撤离指令	主任乘务长/乘务长	主任乘务长/乘务长通过内话征询机长指令：是否撤离？
主任乘务长/乘务长通过内话征询，未获得任何指令应判断决定	实施撤离	主任乘务长/乘务长	撤离！Evacuate！（三遍）
		客舱乘务员	解开安全带！Release seat belt! 撤离！Evacuate!
	解除撤离	主任乘务长/乘务长	保持原位！Remain seated! 保持镇静！Keep Calm!
		客舱乘务员	保持原位！Remain seated! 保持镇静！Keep Calm!

第二节　机上火灾处置

一、一般火灾的处置

（一）机上的火灾隐患

机上的火灾隐患主要有以下几种：

（1）"请勿吸烟"信号灯亮后，仍有人吸烟。

（2）旅客睡觉时烟未熄灭。

（3）烤炉内存有异物或加热时间过长。

（4）旅客吸氧时，周围有明火。

（5）旅客携带易燃物品。

（6）厕所内抽水马达发生故障。

（7）厕所内有人吸烟。

（8）货舱内装有易燃的货物。

（二）火灾的种类

按燃烧的物质，火灾分为 A、B、C、D 四类。A 类为可燃烧的物质，如织物、纸、木材、纤维、塑料、橡胶等燃烧引起的火灾；B 类为易燃的液体，如汽油、润滑剂、油脂、溶剂、油漆等燃烧引起的火灾；C 类为电器设备燃烧引起的火灾；D 类为易燃的固体，如镁、钛、钠等燃烧引起的火灾。

（三）一般灭火程序

在扑灭任何火灾时，都必须由三人组成灭火小组，一名负责灭火，一名负责通信联络，一名负责援助。

一般灭火程序：寻找火源，确定火的性质；切断电源；取用相应的灭火瓶灭火；穿戴好防烟面罩（做好自身的保护）；向责任机长报告；收集所有的灭火设备到火场，监视情况，保证余火灭尽。

（四）旅客的保护工作

客舱发生火灾时，机组人员应做好旅客的保护工作。及时调整火源区旅客座位，指挥旅客将身体放低，用手或其他布类（衣服、小毛巾、头巾等，湿的更好）罩住口鼻呼吸，以避免吸入有毒的气体，可提醒旅客穿上长袖衣服，防止皮肤暴露。

（五）灭火要点

灭火的要点有以下几条：

（1）保持驾驶舱门的关闭。

（2）搬走火源区的易燃物（氧气瓶等）。

（3）始终保持与驾驶舱的联系。

（4）不要摘下氧气面罩。

（5）灭火时应将喷嘴对准火源的根部，由远至近、从外到里平行移动灭火瓶。

（6）灭火人员应戴上防烟面罩。

（7）随时准备撤离旅客，保持旅客的情绪稳定。

（8）停止通风，控制火情。

二、特殊火灾的处置

特殊火灾的处理是在一般灭火程序的基础上，针对特殊火情而采取的处理方法。

（一）洗手间失火

洗手间失火在飞机火灾中占有较大的比例，约45%的火灾发生在洗手间。如果烟雾探测器发出警告声，说明洗手间存在着烟雾或其他起火的现象。此时应首先检查是否有人用洗手间，然后用手背感受洗手间门的温度，并按以下情况分别处理：

（1）如果有人在用洗手间，则试着与用洗手间的旅客联系。如果是香烟的烟雾造成烟雾探测器发出声音，应叫旅客立即熄灭香烟，打开门让烟雾散掉，警报就可解除。然后婉转地与该旅客进行沟通，并且通知机组。

（2）如果没有人在洗手间且洗手间门是凉的，说明火势还不是很大，还没蔓延，应取出就近的灭火瓶，小心地打开洗手间的门，观察火的位

置。为了压住火焰，可以使用潮湿的毛毯，或用海伦灭火瓶对准火源的根部灭火。成功灭火后，通知责任机长，并锁住该洗手间。

（3）如果门是热的，说明火势已较大。这时应保持门的关闭状态，立即取出灭火瓶和救生斧，用救生斧在门的上方凿个洞，将灭火剂从洞口喷入，直至喷完，集中其他灭火瓶喷射，直至火被扑灭，成功灭火后，通知责任机长，并锁住该洗手间。

洗手间灭火时要注意以下问题：

（1）洗手间失火最好使用海伦灭火瓶。

（2）门上的洞口应与灭火瓶喷嘴大小相同，喷完后应封住洞口。

（3）打开洗手间门时要小心，防止氧气突然进去，加重火情。

（4）当烟雾从四周溢出时，应用毛毯堵住。

（二）衣帽间失火

1. 有帘子的衣帽间失火

当有帘子的衣帽间失火时，应立即取用灭火瓶灭火，并及时搬走还未烧着的衣物和其他物品。灭火完成后要检查火是否被扑灭，监视衣帽间的物品，保证余火灭尽。

2. 有门的衣帽间失火

有门的衣帽间失火时，应首先触摸门和墙的温度，判断门和墙是凉的还是热的，然后根据不同情况采取相应的灭火措施。

如果衣帽间的门或墙是凉的，那么应立即取出灭火瓶，小心打开门，观察火的位置，然后对准火源根部喷射灭火剂，并及时搬走还未烧着的衣服和物品，检查有无余火，保证余火灭尽。

如果衣帽间的门或墙是热的，应保持门的关闭状态。立即取出灭火瓶和救生斧，用救生斧在门上方凿个洞，然后将灭火剂从洞口喷入，要多集中一些灭火瓶喷射，直到火被扑灭，保证余火灭尽。

（三）厨房设备失火

1. 烤炉失火

烤炉失火一般是由于加热时间过长、餐食油脂溢出或错误操作引起的。烤炉失火时应立即切断厨房电源和烤炉电源，关闭烤炉，以消耗氧气和窒息火焰。带上防烟面罩，如果火焰扩展到烤炉外面，应用海伦灭火瓶灭火。

2. 烧水杯失火

烧水杯失火时，要立即切断电源，拿下水杯。如果火未灭，可使用海伦灭火瓶扑灭火源。

3. 厨房配电板失火

厨房配电板电源由驾驶舱控制，失火时应立即通知责任机长，要求切断厨房电源，可用海伦灭火瓶进行灭火。

4. 厨房灭火要点

（1）电气设备失火要首先断电。

（2）要使用海伦灭火瓶灭火。

（3）不要将水倒入过热的水杯内。

（四）隔间失火

发现隔间失火时，应立即通知责任机长并执行他的指示，通知其他机组成员准备好灭火设备。

如果责任机长指示将壁板撬开，则立即取来救生斧和海伦灭火瓶，将旅客撤出此区域，使用救生斧把隔间砸开或撬开一个能够插进灭火瓶喷嘴的洞，将灭火瓶喷嘴插进洞口内灭火。隔间失火应注意不要用刀刃砍断隔板，因为有可能将主要的电线和液压线割断。

（五）荧光灯整流器失火

荧光灯整流器为上侧和下侧壁板的客舱灯提供电流，长时间使用整流器可能会使其过热，产生具有明显气味的烟雾。整流器失火时间短暂，一般会自动熄灭，相对没有危险，如整流器过热，应立即关灯并通知驾驶舱。

任务训练

五人一组，当火灾发生的时候，随机组成三人小组，其余两名乘务员要随机做出团队反应。

第三节　客舱释压处置

一、客舱释压类型

客舱释压可分为缓慢释压和快速释压两种类型。缓慢释压指的是逐渐失去客舱压力，它可能是因机门或应急窗的密封漏泄或因增压系统发生故障而引起的。快速释压指的是迅速失去客舱压力，它可能是因机门或应急窗的密封破裂、炸弹爆炸或武器射击而引起的。在极端情况下，可以把快速释压归类为爆炸性释压。

二、客舱释压的反应

客舱释压的反应可分为缺氧反应、缓慢释压反应和快速释压反应三种类型。

（一）缺氧反应

当人处于高空缺氧的情况下，可能出现以下反应（见表 5−3）。

表 5−3　高空缺氧症状

高　度	症　状
10000 英尺	头痛、疲劳
14000 英尺	发困、头痛、视力减弱、肌肉不协调、指甲发紫、晕厥
18000 英尺	除上述症状外，记忆力减弱、重复同一动作
22000 英尺	惊讶、晕厥、昏迷、休克
28000 英尺	5 分钟之内立即出现虚脱、昏迷

对于那些身体较差的人来讲，所出现的反应更强烈。高度越高，人在静止状态下有效的知觉时间越短（见表 5−4）。

表 5-4　高度与人体有效知觉时间

高　　度	人体有效知觉时间	高　　度	人体有效知觉时间
22000 英尺	5～10 分钟	35000 英尺	30 秒
25000 英尺	3～5 分钟	40000 英尺	15 秒
30000 英尺	1～2 分钟		

（二）缓慢释压反应

当客舱缓慢释压时，机上人员会出现发困、疲劳、耳朵不舒服、打嗝和排气等现象。氧气面罩可能脱落，在门和窗口周围可能有光线进入，这时机上的紧急用氧广播开始。

（三）快速释压反应

当客舱快速释压时，飞机结构突然损坏，并出现强烈震动，有物体在舱内飘飞，可能有灰尘、冷空气涌入客舱，客舱内温度下降，有很响的气流声及薄雾出现。机上人员感觉耳痛，氧气面罩脱落，飞机做大角度的紧急下降。"失密警告"灯、"禁止吸烟"灯及"系好安全带"灯亮，紧急用氧广播开始。

三、客舱释压的处置

客舱释压由飞机机组和乘务组根据各自的工作职责和责任范围进行直接处置。

（一）飞机机组对释压的直接处置注意事项

（1）戴上氧气面罩。

（2）把飞行高度迅速下降到大约 10000 英尺。

（3）打开"禁止吸烟"和"系好安全带"信号灯。

（二）飞机乘务组对释压的直接处置注意事项

（1）戴上最近的氧气面罩。

（2）迅速坐在就近的座位上，系好安全带。如果没有空座位则蹲在地上，抓紧就近的结实构件固定自己。

（3）在戴上氧气面罩的情况下，指示旅客戴上氧气面罩，指示戴眼镜的旅客摘下眼镜，指示已经戴上面罩的成年人协助坐在旁边的儿童戴上氧

气面罩。

（4）在使用氧气系统期间，禁止明火存在。

（5）如机体有损坏，应通过内话立即报告责任机长。

（三）进行客舱检查

飞机到达安全高度，并且飞机机组已宣布可以安全走动时，乘务员应立即检查旅客和客舱情况。主要检查以下内容：

（1）携带手提式氧气瓶，检查旅客用氧情况，护理急救失去知觉的旅客和儿童，为缺氧旅客提供手提氧气瓶。

（2）如飞机结构有损坏，则重新安置旅客的座位，让他们离开危险的区域。

（3）检查洗手间内有无旅客。

（4）检查舱内有无火源。

（5）在客舱中走动、巡查，让旅客消除疑虑。

（6）对受伤旅客或机组成员进行急救。

（7）情况稳定后，可让旅客把用过的氧气面罩放入座椅口袋，但不能再重新放回服务板内。

四、处理客舱释压时应遵循的原则

（1）佩戴氧气面罩的顺序是乘务员、成年人、未成年人，也可同时进行。

（2）在释压状态未被解除之前，任何人都应停止活动。

（3）有知觉的旅客应采取直立坐姿吸氧，没有知觉的旅客则采取仰靠位吸氧。

（4）机舱供应氧气时，应准备好灭火设备，以防止意外明火引起火灾。

（5）是否需要紧急着陆或撤离，取决于飞机的状况和责任机长的决定。

（6）整个释压过程及旅客和客舱情况要及时向责任机长通报。

第四节 危险物品处理

危险物品是指在航空运输中对健康、安全或财产构成严重危害的物品和材料。危险物品一般包括爆炸物品、压缩气体、易燃液体、易燃固体、氧化物和有机过氧化物、有毒和传染物质、放射性物质、腐蚀物及其他危险品。

一、危险物品的分类

（一）按危险程度分类

危险物品按照其危险程度可划分为三个包装等级，分别为Ⅰ级（危险性较大）、Ⅱ级（危险性中等）和Ⅲ级（危险性较小）。

国际航空运输协会和国际民航组织对危险品标志的标签有具体要求。典型危险品标签是钻石形状。标签上半部有危险品识别标志，下半部分有危险等级和分类号。

如果在客舱内发现贴危险品标签或标志的行李，应立即报告责任机长。

（二）按危险性分类

根据危险品不同的危险性，可分为九类。

1类：爆炸物品。爆炸物有5类，标志上有相应的英文字母。例如，爆炸物1.4类，客机运载货物的相应标志为1.4S。

2类：压缩气体。这级危险品包括易燃气体，非易燃气体，在压力下液化或在强冷冻下成永久性气体的液化气、液态气、液态空气。

3类：易燃液体。这级危险物品包括液体、液体混合物及含有深解固体或限定在闪点基础上悬浮的液体。例如，一定气温可以点燃的油漆和油漆稀释剂产生的汽化液体。

4类：易燃固体。这级危险物品有三类：易燃固体、容易自燃的物质和水反应物质，这类物质与水接触后就会释放出易燃气体或容易自燃的气

体，这类物质也叫"过湿危险"物，例如钾。

5 类：氧化物和有机过氧化物。这级危险物品包括两类：5.1 类是氧化物，例如过氧化氢；5.2 类是有机过氧化物。

6 类：有毒物质和传染物质。这级危险物品包括两类：6.1 类是有毒物质，例如农药；6.2 类是传染物质，例如细菌。

7 类：放射性物质。这级危险物品不分类，但不裂变物质有三种，三种放射物质是按整个货物的放射等级决定的。

8 类：腐蚀物。这级危险物品能通过化学作用造成活组织坏死和飞机上运载的其他货物损坏，例如酸和水银。

9 类：其他危险品。这级危险物品与其他八类不同，一般是非危险物品，但如果在运输前没有充分准备，也会危害安全，例如磁性物质和干冰（每位旅客可在其随身携带的易腐蚀物品里放 2 公斤以下的干冰）。

二、允许旅客少量携带的危险物品

除特殊情况外，危险品绝不能作为行李托运或随身携带。但有些生活用品中含有少量危险物品，允许旅客限量携带或托运。这些物品主要有：

（1）以电池为动力的轮椅，只能作为行李托运。

（2）含酒精的饮料（按照安检部门公布或解释的有关规定办理）应办理托运，不可随身携带。

（3）药品、常用化妆品或旅客专用品，每人最多携带 2 公斤或 2 升，每盒净重不得超过 0.5 公斤或 0.5 升。正常情况下，每人可携带发胶、杀虫剂、空气清新剂各一瓶（350 毫升），香水 500 毫升。

（4）含有放射性材料的心脏起搏器，只许携带外科手术植入的心脏起搏器。

（5）干冰（按安检部门公布或解释的有关规定办理）只能用于保护随身携带的易腐蚀物品，每人最多可携带 2 公斤。

（6）小氧气筒，应事先获准携带。

（7）用于驱动机械假肢的小型 CO_2 气瓶，应事先获准携带。

（8）用箱子包装的运动枪、弹药，必须托运，每人最多只能托运毛重 5 公斤。

三、禁止携带或托运的危险物品

禁止随身携带或在托运行李中夹带的危险物品主要有以下几种：

（1）爆炸物。例如烟火、闪光灯、玩具枪、火炮等。

（2）压缩气体。例如野营用的氧气瓶和液化氧气瓶等。

（3）易燃的液体和固体。例如油漆和油漆稀释剂、非吸烟用打火机、非安全火柴等。

（4）氧化物。例如漂白粉、有机过氧化物、某些类型的固体氧化氢等。

（5）有毒物质。例如砷、氧化物、有毒农药、生漆、海洛因等。

（6）传染物。例如传染病毒材料等。

（7）放射性物质。例如放射性同位素、放射性化学剂等。

（8）腐蚀性物质。例如酸、碱、湿型汽车电池、氢氧化物等。

（9）磁性物质。例如带磁性的仪表等。

（10）其他危险物质。例如水银和水银仪表、杂酚油、生石灰、有引爆装置的保险箱和有报警装置的保险箱等。

（11）丁烷卷发液。

四、飞机上发现危险品时的处理方法

在飞机上，一旦发现客舱内有危险品，乘务组应立即报告责任机长，由责任机长通知空中管制部门，选择就近机场着陆。在整个处理过程中乘务组应随时与驾驶舱保持联系。

发现危险品时，应及时向旅客了解情况，确认危险物品的性质，打开所有的通风孔，以增加客舱内的空气循环，确保舱内有毒气体排出。同时准备好海伦灭火瓶，随时准备扑灭因危险品溢出和挥发而可能引起的火灾。然后用塑料袋将危险物品包好，并确定其在袋内时直立或开口部分朝上，再装进食品箱内放到最后的洗手间里，并锁好门。乘务员应记录危险品的处理经过和发现时间，以备地面人员查询，并做好飞机着陆后的紧急撤离准备。

五、处理危险品应遵循的原则

接触危险品时应戴好手套和防烟面罩。当渗漏的危险物品发生反应时，可用塑料袋盖好，不要用布去擦，避免伤及皮肤。处理过程中，若出现火情，也不要关闭通风孔，否则旅客会因缺氧和吸入毒气而窒息。乘务员处理完危险品后要彻底清洗双手。

第五节　机上急救

案例

细心科学地照顾生病旅客

　　航班经郑州飞往兰州，飞机起飞后，乘务员发现坐在 20 排的两位老人接连去了几趟洗手间。出于关心，乘务员便上前询问，经了解后得知：两位老人都六七十岁了，前一天晚上可能吃了不干净的食物，引起腹泻、呕吐，乘务员又问了同行的小孙子，知道老先生曾患过高血压，做过胃部手术；老太太也患有糖尿病，做过胆囊手术。乘务长得知这一信息后，决定用药箱内的补盐水按说明书的比例兑好，给两位老人服用并报告机长。飞机在郑州机场落地后，医生上机诊断为急性肠炎。老先生血压偏高，输液后血压达到正常值。医生签字放行，并让老人服诺氟沙星，要求乘务组继续为老人提供补盐液。乘务长还给在兰州接机的老人的儿子打了电话，告诉他父母的病情及诊断治疗经过，并请机长联系兰州机场救护中心。落地后，1 号与 4 号乘务员还帮老人领取了托运行李，旅客及家属对乘务组提供的服务十分感激。细微、贴心的服务必须建立在乘务员用心观察的基础上，"心中有旅客"是服务至善的关键，而一丝不苟的工作作风则是每位乘务员都应具备的。

　　机上急救是指对意外损伤或突然发病的旅客进行短暂的处理，以等待医生到来或送往医疗单位诊治。乘务员应掌握基本的急救知识和急救方法。

一、生命体征

　　当遇到紧急情况时，乘务员对伤病者的基本情况必须做出判断，要及时观察旅客的病情，其中最重要的是查看以下生命体征。

（一）脉搏

　　脉搏是指检查腕部或其他部位的动脉而数得的每分钟心跳次数，以

次/分钟记录。正常的脉搏在 60 次/分钟～100 次/分钟。脉搏会因各种病理或生理情况而改变。它代表着人体循环的状况。

（二）呼吸

呼吸是指喘气的频率，一次呼吸分为呼出和吸入两个过程，正常的呼吸频率成年人为 15 次/分钟～20 次/分钟，儿童稍快些。呼吸也会因各种生理或病理情况而改变，呼吸是身体获取氧气的方式。

（三）体温

人体正常的体温是 37℃左右，它与年龄无多大关系，肌体只有在正常体温下才能工作。

二、机上急救的原则

（一）机上急救的一般原则

在遇到旅客有严重伤病时，乘务员应保持镇静，在采取直接措施之前应先分析情况，可能时要询问患者情况，观察其损伤情况。在急救时，应选用恰当的言辞来表达乘务员愿意并有能力帮助处理患者的伤病，同时还应避免出于好意但采取的方法不当所带来的误会。乘务人员只限于采取必要的措施进行急救，要尽量少去搬动病人或触动病人的损伤部位，要避免使用诊断性的词句。乘务员在确定问题后要尽快行动，要先处理最紧急的情况。

（二）机上急救的要点

机上急救的要点包括以下几点：

（1）确保旅客的呼吸和呼吸道通畅。

（2）检查出血部位并立即止血。

（3）预防休克和暴露受伤部位。

（4）确保正确处置昏迷者，并保证有人照看。

三、机上急救的处理程序

乘务员在遇到严重伤病的旅客时，应采取以下急救程序：

（1）在机上广播，寻求医务人员的帮助。

（2）在医务人员未到之前或机上无医务人员时，按急救箱内所附的"急救指导"进行急救。

（3）尽量使患者舒适、安静。

（4）根据情况决定是否给病人吸氧。

（5）应了解并记录以下内容：旅客身份、发病情况或主要症状（包括处理及效果）、到站后是否需要担架或轮椅等搬运工具、是否需要救护或医务人员到场。

（6）及时报告责任机长，并在着陆前通知地面有关部门。

四、机上常见伤病的急救方法

（一）心肺复苏

对于在短时间内出现呼吸和心跳停止的病人，如果能立即进行人工呼吸和心脏按压，将会为进一步的救治争取宝贵的时间。

心肺复苏的急救步骤及方法如下：

1. 判断意识

可采取用呼叫（要表达出你的关切）或是摇晃病人的肩部等方法判断病人是否有意识，如果没有反应则应立即开通气道。

2. 开通气道

使病人仰卧于硬板或地面上，头后仰、下颌抬起，使下颌角与耳垂连线与地面垂直。开通气道有三种方法：拉颌法（如图5-2）、仰头抬颈法（如图5-3）、仰头举颌法（如图5-4）。

图5-2 拉颌法　　　　图5-3 仰头抬颈法　　　　图5-4 仰头举颌法

开通气道后，要立即检查有无呼吸。

检查有无呼吸的方法有如下几种：

（1）看有无胸腹部起伏运动。

（2）听有无呼吸音。

（3）感觉口鼻部有无气流（如图5-5）。

图5-5 检查有无呼吸（感觉口鼻部有无气流）

如果以上三项均无，则应立即进行人工呼吸。

3．人工呼吸

人工呼吸是简单有效的口对口吹气方法。在保持呼吸道通畅的基础上以一手捏紧病人鼻孔，吸气后张口对准病人口部向内吹气（有效的吹气应使病人胸腹部鼓起），以每分钟12~16次的速度连续吹两次。如果气吹不进，应再次检查气道是否开通，或口鼻咽腔内有无异物阻塞（如图5-6、5-7），如发现有异物应清理干净后再吹气（如图5-8）。

图5-6 舌根阻塞

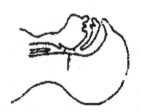

图5-7 异物阻塞

图5-8 人工呼吸（口对口吹气）

吹气两次后，立即检查颈动脉有无搏动（如图 5-9、5-10）。

图 5-9　检查成人颈动脉

图 5-10　检查婴儿颈动脉

如颈动脉没有搏动应立即进行胸外心脏按压。

4. 胸外心脏按压

胸外心脏按压定位方法如图 5-11、5-12。

图 5-11　成人按压定位方法

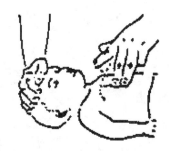

图 5-12　婴儿按压定位方法

　　进行胸外心脏按压时，成年人按压的中心部位是胸骨中下 1/3 交界部。采取双手掌根重叠法，伸直肘关节，利用上身重量和肩膀力量，手臂与地面垂直下压（如图 5-13）。对儿童用单手掌根按压法（如图 5-14），对婴儿采用中指及无名指尖按压法（如图 5-15）。

图 5-13　成人心脏按压方法：双掌根重叠

图 5-14　儿童心脏按压方法：单手掌根按压

图 5-15　婴儿心脏按压方法：中指及无名指尖按压

心脏按压的速度如下：

成人 80 次/分钟～100 次/分钟。

婴儿 100 次/分钟～120 次/分钟。

按压力量应使成年人的胸骨下陷 4～5 厘米。

心肺复苏与心脏按压应交替进行：一人操作时，吹气两次，按压 15 次；两人操作时，一人吹气一次，另一人按压心脏 5 次。心肺复苏与心脏按压急救应持续到病人恢复自主呼吸循环或医生诊断病人死亡时。

（二）出血与止血

正常人全身的血量约占体重的 8％。成年人的全身血量 5 升左右，如果一次出血量超过全身血容量的 30％时，就会危及人的生命，甚至导致死亡。因此，无论在什么情况下，如果发现伤员出血，必须立即止血。

1. 出血的种类

（1）动脉出血：血色鲜红，出血如喷泉一样随着动脉搏动。从伤口喷出，出血急、出血量大，如果不及时止血，危险性极大。

（2）静脉出血：血色暗红。出血像流水一样从伤口流出，出血随血管口径和伤口大小而不同，如不止血也有危险。

（3）毛细血管出血：血色鲜红，出血像水珠一样从整个伤口面慢慢渗出，时间稍久，出血可自止，危险性不大。

2. 止血的方法

（1）加压包扎止血法（如图 5－16、5－17）。

用消毒纱布或干净毛巾压住伤口，再用绷带或三角巾适度用力包扎。这种方法适用于毛细血管、静脉或小动脉的出血。

图 5－16　加压包扎止血法（一）

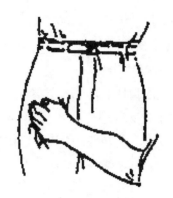

图 5—17　加压包扎止血法（二）

（2）指压止血法（如图 5—18、5—19）。

较大的动脉出血时，应立即用手指把伤口的动脉压住，迅速止血后换上止血带。小的动脉出血，指压后可加压包扎。

图 5—18　指压止血法（一）

图 5—19　指压止血法（二）

（3）止血带止血法。

四肢严重出血或采用其他方法止血效果不好时，可用止血带止血。止血带止血效果较好，但特别要注意止血带不能直接扎在皮肤上，应该先用布料包垫一圈再扎止血带。止血带应扎得松紧适度，过松会使出血加重，过紧则容易导致组织坏死，因此要以刚好止住血的松紧度为好。要定时放松止血带，以使远端肢体不会因缺血而坏死，一般应每半小时放松 2～3 分钟（扎带时，应立即记录准确的扎带时间并标放在明显的部位，这样才能保证准时放松）。即使定时放松，总的扎带时间也不能过长，否则肢体也会坏死（如图 5-20、5-21、5-22）。

图 5-20　止血带止血法（一）　　　图 5-21　止血带止血法（二）

图 5-22　止血带止血法（三）

（三）颈背部损伤

颈背部的损伤可能累及脊椎，如果处理不当会出现严重的并发症或后遗症，甚至使人瘫痪或死亡。

颈背部损伤时的症状为：颈或背部疼痛，并可能会有麻痹感；感觉异常（无感觉或针刺样感）；大小便失禁。

处理颈背部损伤的病人时，不要搬动病人，不要使病人抬头或扭转头部，注意给病人保暖并密切观察病人的情况。如果需要搬运时，应将病人绑在硬板或担架上，并固定其头颈部。

（四）擦伤（挫伤）

擦伤（挫伤）可使组织内血管受损而引起内出血，表现为疼痛、局部肿胀和皮肤颜色改变。

对于擦伤（挫伤）可用冰袋（或凉水）冷敷，也可抬高和支撑受伤部位，这样可防止出血肿胀，减轻疼痛。

（五）损伤伤口包扎

有损伤伤口时，必须及时加以处理，尽量防止感染或严重出血，一般情况下可采用绷带包扎法、三角巾包扎法进行包扎。

1. 绷带包扎法

绷带包扎方法有环形包绕法、螺旋包绕法等。

（1）环形包绕法。

每圈都压在前一圈上，直到包紧（如图5-23）。

图5-23　环形包绕法

（2）螺旋包绕法。

每圈压住前一圈的1/2~2/3，直到包紧（如图5-24）。

图5-24　螺旋包绕法

2. 三角巾包扎法

三角巾包扎法可用于身体各部位损伤伤口的包扎，如头部、肩部、胸背部、腹部和四肢等。

（1）头部风帽式包扎法。

用于脑后部及侧面部的损伤（如图5-25）。

图5-25　头部风帽式包扎法

（2）头顶部三角巾包扎法。

用于头顶部损伤的包扎（如图5-26）。

图5-26　头顶部三角巾包扎法

（3）胸背部包扎法。

胸背部伤口可用蝴蝶式包扎法（如图5-27）、侧胸包扎法（如图5-28）、燕尾式包扎法（如图5-29）。如果受伤处在右胸，就把三角巾的顶角放在右肩上，将左右两角拉到背后，于右面打结，然后把右角提到肩部

与顶角打结。如果受伤处在左胸，就把顶角放在左肩，包扎法相同。

图 5-27　蝴蝶式包扎法

图 5-28　侧胸包扎法

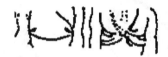

图 5-29　燕尾式包扎法

（4）腹部包扎法。

将三角巾折成燕尾式，一侧稍长，燕尾朝下，贴于腹部，上边两角于腰后作结，燕尾端从两大腿间向后拉紧，经大腿与燕尾短端在大腿上方打结（如图 5-30）。

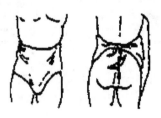

图 5-30　腹部包扎法

（5）手臂包扎法。

将直角点放在受伤一侧的伤臂与身体之间，上端放在颈部，另一端包住伤臂放在颈部另一端，在后面打结，将直角点掖好（如图5-31）。

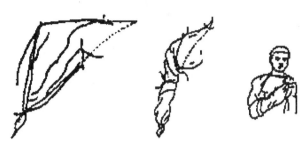

图5-31　手臂包扎法

（6）手足包扎法。

将手足置于三角巾上，指（趾）尖朝向顶端，把上顶角折起，包在手足背上，将左右两角交叉，向上拉到手腕（足踝）的两面，最后缠绕打结（如图5-32）。

图5-32　手足包扎法

（六）骨折与固定

发现骨折时必须及时固定，以减轻疼痛，防止发生休克，避免骨折端刺伤血管、神经和肌肉，也便于搬运及愈合。

1. 上臂骨折

上臂骨折时，放置少许衬垫物在患者的腋下，轻轻地将患者的上臂置于身侧，手肘成直角，前臂放于胸前，将有衬垫的夹板放在上臂外侧绑好固定，再用一条窄的吊带绕过颈部吊住前臂，夹板连同患者的躯体一同绑好，系在身体另一侧（如图5-33）。

图 5—33 上臂骨折包扎法

2. 前臂和腕部骨折

在这种情况下，小心将前臂与上臂成直角横置于胸前，握拳，拇指向上，然后将有衬垫的夹板置于前臂两侧，超过肘关节和腕关节，并将夹板绑好，再用三角巾绕过颈部吊住前臂，指头稍高过肘关节（如图 5—34、5—35、5—36、5—37）。

图 5—34 前臂骨折夹板固定法

图 5—35 前臂骨折衣襟固定法

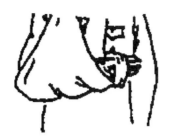

图 5—36　腕部骨折夹板固定法

图 5—37　腕部骨折衣襟固定法

3．颈背部骨折

颈背部骨折是所有骨折中最严重的一种，颈部骨折后，不管是任何方向的移动都有可能造成瘫痪或死亡，因此，对怀疑有颈部及背部骨折的患者，必须用毛巾、报纸或其他可做衬垫的东西折成 10 厘米宽的条，小心地沿着患者的颈部包起来绑好，尽可能地将头固定。

4．腿部骨折

腿部骨折常见的有大腿骨折（股骨骨折）、小腿骨折（胫骨、腓骨骨折）及膝盖骨折。发现腿部骨折后，要用包有衬垫的夹板放在脚部外侧，夹板长度超过骨折处的上、下关节，各关节与夹板接触的地方应放衬垫，并用绷带固定（如图 5—38）。

图 5—38　大腿骨折夹板固定法

5. 足踝骨折

足踝骨折时，应让病人保持平躺，小心地脱去病人的鞋子，用一个枕头或卷起的毯子从小腿到足跟把脚包起来，然后将枕头固定，将延伸至足跟的枕头的末端卷起来。

6. 单纯性骨折

单纯性骨折表现为受伤部位严重疼痛、触痛、变形，受伤肢体活动有限或处于不自然位置。处理时应尽量用夹板把骨折部位（包括上下方的关节）固定好，尽量使伤者舒适并注意保暖，不要试图去对接骨折，上肢骨折要曲肘悬吊。

7. 开放性骨折

开放性骨折除了有单纯骨折的症状外，还有可能出现皮肤伤口或骨折断端刺到皮肤外面的情况。除非骨折断端刺到皮肤外面，否则都要用直接压迫法止血，用消毒纱布盖伤口，按单纯骨折固定方法固定并密切观察病人情况，注意保暖，防止病人休克。

8. 脱位

脱位是指骨头离开关节位置，关节变形，病人不能活动。旅客出现脱位时，不要试图复位关节，可按单纯性骨折加以固定，操作过程中应尽量减轻与脱位关节相连的肢体重量。

（七）搬运

经过止血、包扎、固定等初步处理后，应把伤员送到救护机构，或搬到安全地方，以便进一步治疗。搬运受伤客人时应注意搬运方法。

1. 一人搬运

一人搬运时有以下几种方法：

（1）扶持法：将患者一只手臂搭在自己肩上，协助其行走。

（2）肩负法：将患者背在背上，手从其腿部绕过，向上抓住其双腿。

（3）保持法：将患者一只手臂搭在自己肩上，一只手托住其背部，另一只手托住其腿部。

2. 两人搬运

两人搬运时有以下几种方法：

（1）保持法：一人从后面抱住患者的两肩，另一人抬起患者的两膝。

（2）椅托法：两人对面，两个人的手在患者背部和腿部交叉拉紧。

（3）田字交叉法：两人面对面，双手以"田"字交叉互握，让患者坐于其上，患者两臂搭在援助者肩上。

3. 三人搬运

三人搬运时，两人在一边，分别托住患者腿背部和头部，一人在另一边托住其臀部，三人同时用力将患者平抬起。也可三人在同一侧，分别抱住患者的头颈、腰、腿部，将患者以侧卧体位抬起。

4. 四人搬运

四人搬运时，可用毛毯搬运。将毛毯的一侧向上卷起至一半，轻轻搬动患者的身体，使卷起的一侧放在其身下，然后再将卷起的一侧展开。每一侧需要两人搬运。

第六章 求 生

第一节 陆地求生

如果陆地撤离发生在偏僻和荒凉的地区，救援人员不能马上赶到，幸存者应做陆地求生的准备。

一、撤离后的组织

（1）远离飞机，避免火灾侵害。

（2）当发动机冷却，燃油完全蒸发，火已熄灭后，设法返回飞机。

（3）对受伤人员实行急救，并请求旅客中的医务人员提供援助。

（4）集合并清点幸存人数，将其分为几个小组，每组人数 4~25 人。

（5）每组指定一名组长负责管理，总的任务由机组人员下达，具体的任务由组长分配每一个人。

（6）就地选择材料，搭设临时避难所。

（7）准备好发出求救信号的设备。

二、建立避难所

（一）天然避难所

（1）山区和山洞。

（2）凸出的大岩石下。

（3）树和树枝。

（二）飞机避难所

（1）完整的机身。

（2）机翼和尾翼。

（3）滑梯。

（4）机舱内的塑料及绝缘板。

（三）修建避难所时要注意的问题

（1）山洞作为避难所时，要记住里面可能会很潮湿，同时可能会有其他生物存在。

（2）冬季不宜依靠机身修建避难所，因金属散热过快。

（3）避免在低洼潮湿的溪谷处修建避难所，防止被洪水冲走。

（4）在死树及周围不宜修建避难所。

（5）不宜在茂密的草木丛中修建避难所。

三、信号与联络

（1）利用应急发报机及救生包内的信号设备。

（2）火：火在白天和夜间都可作为信号，三堆火组成的三角形信号是一种国际遇难信号。

（3）烟雾：在晴朗无风的日子里或是白雪覆盖时，可用白色、黑色烟雾作为信号，三个烟柱组成的三角形也是一种国际遇难信号。晴天用白烟，雪地、阴天用黑烟。

（4）手电筒：在夜间可以利用手电筒作为信号，很远的地方可以看到，国际通用的 SOS 求救信号是三次短闪、三次长闪、三次短闪。

（5）地对空救援符号：利用树丛、树叶、石头、雪等天然材料堆成各种救援符号，以吸引空中救援人员的注意。

国际公认的救援符号有五种：

① "V" 表示求援者需要帮助。

② "箭头" 表示求援者行进的方向。

③ "X" 表示幸存者需要医疗救护。

④ "Y" 和 "N" 分别代表 "是" 和 "不是"。

⑤ "SOS" 表示请求援助。

（6）发信号时要注意的问题：

①做好发信号的一切准备，并保证其有效性。

②应保证铺设的信号在 24 小时内都有效，因为信号在昼间大部分时间都有阴影，所以铺设方向应为东西方向，其线条宽度为 0.9 米，长度不短于 5.5 米，并定时检查。

③所有信号的发出和铺设应在开阔地带，可能的情况下多准备几种信号。

④用火作为信号时，应选择开阔的地方，避免引起森林火灾。

⑤避免信号材料受冷、受潮。

⑥烟雾和反光镜是仅次于无线电的最佳联络手段。

⑦任何异常的标志和颜色之间的差异在空中都能被发现。

四、饮水

在求生时，水比食物更为重要，水是人生存的必需品。

（一）水源

（1）从飞机上撤离下来时，应尽可能多带水和饮料。

（2）附近的河流、湖泊、池塘、山泉等。

（3）在沙丘之间的凹处进行挖掘，可能有水。

（4）干枯河床下面常常有水。

（5）雨水和露水。

（6）热带丛林的植物也富含水分。

（7）寒冷地带可融化较纯净的冰和雪。

（8）鸟群经常在水坑上飞翔，可多观察鸟群。

（9）顺着动物的足迹和粪便一般能找到水源，沙漠地区也是如此。

（二）饮水时要注意的问题

（1）不干净的水最少煮 10 分钟后方可饮用。

（2）河流、湖泊、池塘、山泉等水源，需消毒后饮用。

（3）不要直接饮用冰或雪，因为冰和雪会降低体温或造成更严重的脱水。

（4）丛林中植物的汁液不能喝，可能有毒。

（5）不要饮用尿液，那样对身体有害。

（6）减少活动，避免体液损失。

（7）飞机上带下的水应放在最后使用。

（8）合理分配用水量。

（9）沙漠中湖泊和水坑的水都含有盐碱味，不能饮用。

五、食物

（一）食物来源

（1）在不影响撤离速度的情况下，尽可能从飞机上带下可用食品。

（2）用昆虫作食物。

（3）猎捕野兽和鸟类作为补充食物。

（4）捕食鱼类。

（5）捕捉爬行动物。

（6）飞机货舱内可食用的货物。

（7）采摘野生藤本植物。

（二）进食时要注意的问题

（1）应急食品要留存到迫不得已时再食用。

（2）多数昆虫一般都可生吃，但烧烤后味道更好，吃时要去掉胸腔、翅和腿。但不要食用蜈蚣、蝎子、蜘蛛、苍蝇、红蚁、虱子和蚊子。

（3）食用鸟类及兽肉之前，应先放血，去皮取出内脏，然后经烧烤后食用。在取内脏时不要弄破胆囊，必要时要将多余的肉储存。

（4）淡水鱼一定要煮熟后食用。

（5）野生藤本植物作为最后的求生食品时，一要熟悉其属性，二要在食用前先分辨其是否有毒。有毒的植物可能会有下列现象：

①触摸后皮肤有刺痒感及红肿。

②折断的树枝叶上有乳汁状的汁液流出来。

③嚼在嘴中有烧灼感，辛辣苦涩。

六、取火

火是野外生存的基本需要之一，它可以取暖、做饭、烘干衣服、防止野兽的袭击和用作联络信号。

（一）生火的必备条件

（1）火花源：火柴、打火机、火石和小件钢制品、信号弹、电瓶、放大镜等。

（2）引火物：棉线、纸绒、脱脂棉、蘸过汽油的抹布、干枯的草和毛状植物、鸟的羽绒及鸟巢等。

（3）燃料：干燥的树枝、灌木、捆成束的干草、干燥的动物粪便、地面裸露的煤块、飞机上的汽油和润滑油等。

（二）火场的设置

（1）火场最好设置在沙土地和坚硬的岩石上。如果在丛林中生火，尽可能选择在林中的空地上，同时要清除周围地面上的一切可燃物，如树枝、树叶、枯草等，还要在近处准备好水、沙子或干土，以防引起森林大火。

（2）如果是在雪地、湿地或冰面上生火，可先用木头或石块搭一个生火的平台。作为取暖用的火，可利用天然的沟坎，或先用圆木垒成墙，以利于将热量反射到隐蔽所中。

（三）成功取火的条件

（1）保持足够的火源并使其始终干燥。

（2）要为第二天准备足够的引柴和燃料，并用干燥的东西将其盖好。

（3）点火时火种应在引火堆的下风向。

七、陆地生存要点

（1）充分休息，保存体力，每晚应睡7~8小时。

（2）保持避难所的清洁，脏物应存放在离住处较远的地方。

（3）尽可能保持自身的清洁，以使自身处于良好的精神状态。

（4）沙漠中生存时应尽可能躲避太阳的辐射，以减少体内水分的蒸发，寻找水源和食物的工作最好在傍晚、清晨或夜间进行。

（5）在丛林地带生存应避免蚊虫叮咬，在阴冷的天气里，尽可能保持身体干燥和温暖。

（6）在身体条件允许的情况下，适当锻炼身体，但不要超量。

（7）除了必须转移到安全干燥地区以外，幸存者应留在遇险地区等待救援。

（8）人员要集中，避免走散，随时清点人数。

第二节　海上求生

一、海上生存的特点

（1）海上缺乏参照物，难辨方向，不易发现目标，生存人员很难判断所处的位置。

（2）风大浪高，平均风力 3~4 级，大风时可达 10 级以上。

（3）缺乏淡水。

（4）水温低。表面平均水温不超过 20℃，有 13％的水表温度为 4℃以下。

（5）部分海洋生物具有攻击性。

二、水中保暖

（1）在冷水中尽量减少活动，保存体力，减少热量的散发。

（2）减少冷水与人体的接触面，保持体温，减少热量的损失。

（3）几个人为小组的聚集保暖法：几个人组成一个面向中心的圆圈，手臂相搭，身体的侧面相接触，紧紧地围成一个团。

（4）单人保暖法：双腿向腹部弯曲，两手交叉抱住双膝于胸前。

（5）不要在水中丢弃衣服鞋袜。

（6）身着薄衣的成人在 10℃的水温中的大致生存时间如表 6-1 所示。

表 6-1　身着薄衣的成人在 10℃的水温中大致生存时间表

无救生衣	踩水	2 小时
有救生衣	游泳	2 小时
有救生衣	保护姿势	4 小时

三、饮水

淡水是生存中至关重要的必需品，有了水，才能保证身体的正常代谢，没有水，人只能活几天。所以，幸存者感到干渴时应尽量饮水，保证身体的正常需要。

（一）海水

海水是海上生存者面对的最大水源，然而海水是不能直接饮用的，即使加入部分淡水也不能饮用。饮用海水会加快身体脱水，对人体组织具有破坏作用，会引起许多器官的严重损伤。因此，在海上生存时禁止直接饮用海水。

（二）淡水

在救生筏上生存时，如何确保淡水供应是一个大问题，解决这个问题的方法有很多种：

（1）离机前，尽量收集机上的水和饮料。

（2）利用救生筏上的设备储存雨水。

（3）收集金属表面的露水。

（4）北半球海域冰山是淡水的来源，但靠近冰山时要小心，因为冰山若翻转会十分危险。

（5）利用海水淡化剂淡化海水使其成为可饮用淡水。

（三）饮水时要注意的问题

（1）先饮用已有的淡水，再进行海水的淡化。

（2）除非特别渴，否则在救生筏上的头 24 小时不要喝水（婴儿和重伤员可分配点水）。以后的日子，如果水量有限，每天喝 0.5 升水。当雨水充足或 0.5 升不能满足需要时，每天可以喝 0.75 升或更多。

（3）淡水很少时，在下雨前只能用水湿润嘴和呷一点水。

（4）不能抽烟，不能饮酒及咖啡因制品，避免体内水分散发，酒可以留下用于外伤消毒止痛。

（5）尽量少动、多休息，减少体内水分的消耗。

四、食物

（一）食物来源

（1）在离开飞机前应尽可能收集机上的食品。

（2）飞机断裂后货舱内散落出来而漂浮在水面上的可食用的物品。

（3）海里的鱼类及海面上飞的鸟。

（4）救生包内的应急口粮。

（二）进食时要注意的问题

（1）水量多时，先吃蛋白食物；水量少时，先吃碳水化合物。

（2）鱼类是海上生存最大的食物来源，但不熟悉的鱼类不要食用。

五、发现陆地

（一）确定陆地和海岛的位置

（1）在晴朗的天空，远处的积云下面可能有陆地或岛屿。

（2）黎明鸟群飞出的方向或黄昏鸟群飞回的方向，可能有陆地或岛屿。

（3）通常情况下，白天风从海洋吹向陆地，晚上风从陆地吹向海岸。

（4）在热带海域，天空或云底的淡绿色，通常是由珊瑚礁或暗礁反射形成的。

（5）漂浮的树木或植物意味着附近有陆地。

确定陆地和海岛的位置时，要注意不要被海市蜃楼所迷惑。在救生筏上改变坐的高度时，海市蜃楼会消失或者改变形状。

（二）登陆

登陆是海洋生存的最后环节，要想顺利地实施登陆，必须注意以下几点：

（1）选择最佳登陆点，尽力向其靠近。

（2）穿好救生衣并充好气。

（3）穿好所有的衣服鞋帽。

（4）靠岸时，尽量放长海锚绳，降低救生筏，登陆前不能爬出救生筏。一旦登陆，应迅速下筏并立即设法将筏拖上海滩。

（三）获救

当救援船驶到救生筏旁边时，不要认为可以很容易地登上救援船。如果已经在海上等了好几个小时，身体变得很虚弱，一定要静坐在救生筏上等待救援人员来救援，不要急于离开救生筏。如果来救援的是直升机，一个吊篮只能容纳一个人。

第三节　丛林求生

由于丛林里有丰富的食物和水源，因此丛林求生相对来说是最容易的。丛林中最大的危机是惊慌失措的动物和昆虫以及由植物引起的疾病。丛林求生时应注意以下几点：

（1）带上救生衣以便在任何空旷地带显出对比色彩。

（2）卸下并带上所有滑梯/救生筏。

（3）最好在空旷的地方将展开的滑梯/救生筏架设好作为掩体。

（4）启动应急发报机。

（5）熟悉救生包里的物品，救生包内有内容详尽的救生手册。取出发射信号设备，其余物品留在救生包里，需要时再取出。

（6）当发现搜救人员的设备时（如直升机、远方车马或人员等），白天使用信号筒和反光镜，夜间使用火炬或信号筒，使用信号筒和火炬时要在风下侧。

第四节　极地冬季求生

无论是什么季节，当处在任何低温强风和冰雪覆盖的地区时，都必须应用冬季求生法则。冬季求生法则有以下几点：

（1）携带救生衣御寒。

（2）卸下并带上所有滑梯/救生筏。

（3）滑梯/救生筏应充气架设好作为掩体，并尽快让旅客进入避寒。

（4）启动应急发报机。

（5）尽可能收集飞机上的枕头和毛毯分配给旅客，让旅客尽量靠近坐好，以保存体温，松开紧身的衣服。

（6）熟悉救生包内的物品，取出信号发射设备，其余物品留在救生包内，需要时再取出。

（7）指挥旅客经常做温和的运动，例如坐着屈伸腿部，运动手指或脚趾等。

（8）避免喝酒类饮料，因其会促进体温的散发。

（9）必须经常放一些新鲜空气到掩体里面，因为内部的二氧化碳含量持续增高会有危险。

（10）不要让全部旅客同时睡觉，需要安排人员日夜轮流守望。

（11）发现援救者时，白天使用信号筒和反光镜，夜间使用火炬和信号筒，使用信号筒和火炬时要在风下侧。

第五节　沙漠求生

沙漠求生法则有以下几点：

（1）携带救生衣以供夜间御寒。

（2）卸下并带上所有滑梯/救生筏。

（3）滑梯/救生筏应充气，把帐篷架设好作为掩体，并尽快让旅客进入里面。

（4）启动应急发报机。

（5）熟悉救生包内的物品，取出信号发射设备，其余物品留在救生包内，需要时再取出。

（6）将现有的饮水留给伤患人员。

（7）减少日间的活动。

（8）发现援救者时，白天使用信号筒和反光镜，夜间使用火炬和信号筒，使用信号筒和火炬时要在风下侧。

附录一　客舱安全设备示范

女士们、先生们：

现在由客舱乘务员向您介绍救生衣、氧气面罩、安全带的使用方法以及紧急出口的位置。

Ladies and gentlemen：

We will now explain the use of the life vest，oxygen mask，seat belt and the location of the exits.

救生衣在您座椅下方的口袋里。

Your life vest is located under your seat.

使用时取出经头部穿好。

To put the vest on，slip it over your head.

将带子扣好系紧。

Then fasten the buckles and pull the straps tightly around your waist.

然后打开充气阀门，但在客舱内不要充气，充气不足时请将救生衣上部的两个人工充气管拉出用嘴向里充气。

To inflate pull the tabs down firmly but dont't inflate while in the cabin. If your vest needs further inflation，blow into the tubs on either side of your vest.

氧气面罩储藏在您座椅上方，发生紧急情况时，面罩会自动脱落，氧气面罩脱落后，要立即将烟熄灭，然后用力向下拉面罩，请您将面罩罩在口鼻处，把带子套在头上进行正常呼吸。

Your oxygen mask is in a compartment above your head. And will drop automatically if oxygen is needed. Pull the mask firmly toward you to start the flow of oxygen. Place the mask over your nose mouth and slip the elastic band over your head，within a few seconds the oxygen flow will begin.

在您座椅上备有两条可以对扣起来的安全带。当飞机在滑行、起飞、颠簸和着陆时请您系好安全带，解开时先将锁扣打开拉出连接片。

In the interest of your safety，there are two belts on the side of your seat that can be buckled together around your waist. please keep them fastened while the aircraft is taxing taking off in turbulence and landing. To release lift up on the top place of the buckle.

本架飞机共有八个紧急出口，分别位于前部、后部和中部。在客舱通道以及出口处还有紧急照明指示灯，在紧急情况下请按紧急指示路线撤离。在您座椅背后的口袋内备有《安全须知》，请您尽早阅读。

There are eight emergency exits on this aircraft. They are located in the front，the rear and the middle sections. Please follow the emergency lights which are on the floor and the exit to evacuate when emergency evacuation. For further information you will find safety instruction card in the seat pocket in front of you. Thank you .

附录二 乘务员设备检查单

航班号：＿＿＿＿＿＿＿＿　　　　飞行日期：＿＿＿＿＿＿＿＿

	检查项目	航前 是（√） 否（×）	航后 是（√） 否（×）	情况说明
应急设备	灭火瓶在有效期内，铅封完好			
	手提式氧气瓶指针压力在红色区域，在有效期内			
	防烟面罩铅封完好，在有效期内			
	救生衣数量、位置准确			
	座位安全带、肩带完好			
	个人手电筒有电，可亮灯			
	客舱记录本查看故障已排除			
	客舱安全表演设备齐全，可使用			
	水表满格			
	烟雾探测器绿灯闪亮			
	厨房及厕所废物箱门关好			
	急救药箱在固定位置，铅封完好			
	应急医疗药箱在固定位置，铅封完好			
卫生间	马桶垫圈完好整洁			
	洗手池及周边台面洁净			
	蓝液按标准配备			
	洗手池水龙头可正常使用			

续表

检查项目		航前 是（√） 否（×）	航后 是（√） 否（×）	情况说明
客舱	座椅及沙发移动功能正常，无异物染色、污渍残留和异味			
	灯光正常照明			
	小桌板可自由抽放，表面无污渍残留、异味			
	地毯及脚垫表面无污渍残留、污染，无异物染色和异味			
	侧装饰板/顶板表面无污渍残留、污染，无异物染色和异味			
	遮光板收放自如			
	娱乐系统显示器、可收放式显示器活动自如，可正常播放			
	厨房/客舱内抽屉抽拉自如，锁扣完好可用，内部清洁无冰块或水等异物残留			
	隔舱遮帘帘布平整，表面无污染和异物染色，无异味			
	毛毯、被子干净完好			
	靠垫干净完好			
	门帘按扣及滑扣完好			
	隔舱门活动开启自如			
	客舱服务设备正常			
	《安全须知》及《应急出口须知》配备			
服务间	烧水杯洁净，能正常工作			
	咖啡壶洁净，能正常工作			
	烤箱洁净，能正常工作			
	微波炉洁净，能正常工作			
	抽屉洁净			

	检查项目	航前 是（√） 否（×）	航后 是（√） 否（×）	情况说明
机供品	机供品按标准配发，质量合格			
	机供品剩余情况			
航后	进行客舱清舱检查			
	与航食交接餐具签单			
	打扫客舱卫生			
	马桶冲水正常，无堵塞现象			
	换组交接工作及注意事项			

备注：应急设备检查只需要航前检查即可。执行飞行任务前后，当班乘务员须根据以上项目检查并记录应急设备、客舱环境卫生、客舱设备及机供品剩余情况，并反馈给服务保障部 24 小时机场联络席。要将检查单留存机上吧台一份，以便下一班乘务员核对。如前一班乘务员未进行反馈，下一班乘务员发现地毯有污渍、客舱设备故障或机供品短缺，视为前一班乘务员责任；如下一班乘务员未进行反馈，即默认为地毯干净、设备完好、机供品足量。

乘务员/机长指定人员：_____

附录三 客舱服务五十句文明用语

(1) 请！	Please!
(2) 您好！	Hello/Hi/How do you do!
(3) 欢迎！	Welcome!
(4) 恭候！	Waiting for you!
(5) 久违。	I haven't seen you for ages.
(6) 奉陪。	Company with.
(7) 拜访。	Visit.
(8) 拜托！	Please!
(9) 请问！	Excuse me!
(10) 请进！	Come in! （please!）
(11) 请坐！	Have a seat! （Please!）
(12) 谢谢！	Thank you!
(13) 再见！	Good bye!
(14) 对不起！	Sorry!
(15) 失陪了！	May I please be excused!
(16) 很抱歉！	I'm very sorry!
(17) 请原谅！	Please forgive me!
(18) 没关系。	Never mind. （That's all right.）
(19) 别客气。	You're welcome.
(20) 不用谢。	You're welcome.
(21) 请稍等。	Wait for a moment please.
(22) 请指教。	Request for comment.

(23)	请当心!	Be careful!
(24)	请走好。	Mind your step.
(25)	这边请。	This way.
(26)	您先请。	After you.
(27)	您请讲。	After you.
(28)	您请放心。	Please be ensured.
(29)	请多关照。	Please comment.
(30)	请跟我来。	Please follow me.
(31)	欢迎光临!	Welcome to our company!
(32)	欢迎再来!	Do come again, please!
(33)	请不要着急。	Don't be worry.
(34)	请慢慢地讲。	Please speak slowly.
(35)	让您久等了。	So sorry to keep you waiting so long.
(36)	给您添麻烦了。	Caused you trouble.
(37)	希望您能满意。	Hope you are content with it.
(38)	请您再说一遍。	Please again.
(39)	请问您有什么事?	Can I help you?
(40)	请问您是否找人?	Are you looking for someone?
(41)	我能为您做什么?	What can I do for you?
(42)	很乐意为您服务。	I am always at your service.
(43)	这是我应该做的。	This is my duty.
(44)	请随时和我联系。	Please feel free to contact me.
(45)	我会尽量帮助您的。	I will try my best.
(46)	我再帮您想办法。	I'll find ways for you.
(47)	请把您的需求告诉我。	Please tell me your request.
(48)	请您多提宝贵意见。	Please give me your treasurable ideas.
(49)	不清楚的地方您尽管问。	Don't hesitate to ask me if anything is not clear to you.
(50)	您的需要就是我的职责。	Your need, my duty.

附录四　机上设备中英文对照表

客舱	cabin	厨房	galley
座椅靠背	seat back	食品箱	container
座椅扶手	armrest	抽屉	drawer
座椅背后口袋	seat pocket	厨房电源	galley power
小桌板	seat table	照明	area light
烟灰缸	ash tray	烧水杯	hot cup
衣帽间	closet	冷风机	air chiller
呼叫按钮	call button	保温箱	warming cabinet
阅读灯	reading light	保温壶	hot jug
座椅	seat	煮水器	water boiler
行李架	overhead compartment	废物箱	waste bin
座椅套	dress cover	洗手池	wash basin
安全带	safe belt	烤炉	oven
音量调节	volume control	升降梯	lift cart
乘客娱乐和服务系统	passenger entertainment and service system	烤炉定时器	time selector
水关闭阀	water shut off valve	录像系统	video equipment
工作灯	work light	电影屏幕	screen
厨房照明	counter light	卫生间	lavatory
投影无图像	no display on screen	遥控器连接线	cable for pcu
耳机插孔	headset plug	抽水马桶	flushing toilet

续表

耳机没有声音	no audio	冲水钮	toilet flush
电视盖板	video cover	烟雾探测器	smoke detector
登机音乐	boarding music	化妆品抽屉	amenities drawer
遥控器	pcu	储藏箱	stovage
紧急设备	emergency equipment	滑梯包	slide package
客舱温度	cabin temperature	氧气瓶	oxygen bottle
婴儿摇篮	baby bassinet	手电筒	flash light
折叠车	folding trolly	救生衣	lift vest
灭火瓶	extinguisher	滑梯	slide

参考文献

[1] 赵影. 民航乘务 [M]. 北京：中国人民大学出版社，2010.

[2] 张黎宁，刘丽新. 民航客舱服务 [M]. 北京：高等教育出版社，2007.

[3] 杨怡. 民航乘务岗位技能实务 [M]. 北京：中国标准出版社，2009.

[4] 杨怡. 空姐教你考空姐 [M]. 武汉：武汉大学出版社，2011.

[5] 刘玉梅，牛静. 民航空乘礼仪教程 [M]. 北京：中国广播电视出版社，2007.

[6] 赵冰梅. 民航空乘服务技巧与案例分析 [M]. 北京：中国广播电视出版社，2005.

[7] 刘玉梅. 民航乘务员培训教程 [M]. 北京：中国民航出版社，2007.

[8] 盛美兰，江群. 民航客舱设备操作实务 [M]. 北京：中国民航出版社，2011.

[9] 东方航空乘务员手册.

[10] 海南航空乘务员手册.

[11] 相关网站：

中国民用航空网：www. ccacmagazine. com.

民航资源网：www. carnoc. com.

民航培训网：www. airlinks. net.

后 记

近年来，我国民航事业得到飞速发展，在国际航空业中也取得了骄人的成绩，国际地位已不可替代。随着国内航空业欣欣向荣的发展，形成了航空专业人才的大量缺口，也为航空从业人员提供了更多学习与发展的机会。

民航乘务员既要保证客舱安全，又要为旅客提供高质量的服务。在这一现实背景下，基于教育教学工作的需要，我们编写了这本《民航客舱设备常识》。

本书参照民航乘务员的工作要求，结合高职院校教学特点，就民航乘务员客舱服务设备和应急设备的操作规范与要求，进行了较为合理的讲解，目的在于引导民航乘务员掌握客舱设备操作与安全知识，同时提高自身的综合素质与工作能力。本书具有实用性和时效性，所探讨的问题是与客舱设备和空中应急安全有关的专业知识。本书在编写中遵循实操性、针对性、直观性的原则，拓展了学习者的知识视野，也使《民航客舱设备常识》更具有可读性。

本书共分为六章，全书从"学习目标""操作内容""思考题""任务训练"等几个方面来编写，尤其是"思考题"和"任务训练"模块，旨在帮助学习人员结合相关知识，巩固所学内容，加深对知识的理解、吸收，并能灵活运用到实际生活与工作中。

参与本书编写的几位编者一直在航空院校及其他高校、企业从事服务人才的教育、教学与培训工作，不仅具有扎实的心理学知识，而且积累了丰富的民航服务人才培养经验。本书是理论与实践、教学与科研、高校与企业有机结合的成果，便于学习者进行理论学习与实践应用。

　　鉴于编者水平有限，本书还存在诸多不足，敬请广大读者批评指正，以便我们吸收大家的成果并在以后修正、提升。同时，在编写过程中，我们参阅和引用了许多专家、学者及同行的著作和研究成果，选取了一些航空企业的案例和资料，在此谨表衷心的感谢！